ちくま学芸文庫

ガロアの夢

群論と微分方程式

久賀道郎

筑摩書房

序文
そして山の裂目(クレバス)にのまれてしまったとさ

これは，筆者が数年前，東京大学教養学部のゼミナールで行なった講義の記録である．聴講したのは理科一類1年生有志約40名，そのうち約25名が最終回まで出席して単位を得た．私はここで，その講義を，簡潔にまとめたりすることはやめて，冗長に――しかし原講義のスタイルをなるべく忠実に再現して――紹介することにした．その講義の題目は「群論と微分方程式」であった．

「群論と微分方程式」という題目をきいたとき，人はその講義に何を期待するだろうか？

群論が，その発生期において，代数方程式と深くかかわっていたことは周知であろう．代数方程式論においてGalois群の理論が成功したことは，微分方程式論においても同様な群論的考察が可能であり，有力な武器になるのではないか，という期待をいだかせる．実際Sophus Lieはこの問題に一生をかけ，そのための武器としてLie群の理論をつくった．そのいわば手段であるLie群の理論が彼の名を不朽にしているのであるが，元来の目標である微分方程式論の群論的考察には，Lie自身はあまり決定的な寄与はできず，問題はPicard，Vessiotらにうけつがれ，さらに代数化されて今日 Ritt，Kolchin らにより研究されている．それは線型常微分方程式の場合を含むある特殊な型の微分方程式に対しては，十分成功したものの，Lie 自身がはじめに想定した形の理論からは，ほど遠いように思われる．この問題を古典的な Lie 自身の構想により近づけるためには，E. Cartan や倉西氏の無限次元 Lie 群論，D. C. Spencer の Cohomology の論法などの，真に現代的な解析学の手法と定式化を必要とするだろう．

ところで，この講義の内容はそのような大理論の紹介ではない．（これと全然無関係ではないが．）

私の講義の内容は，フックス型微分方程式とそのモノドロミー群のことである．線型常微分方程式を群論的に扱う試みは，Riemann によっても試みられた．Riemann は Lie の扱ったような連続群ではなく，不連続な群を用いた．それは，微分方程式の定義域のつながり工合を示すのにつかわれる，純粋に位相幾何学的に定義される群である．それは基本群とかモノドロミー群とかよばれている．その群はまた，微分方程式の解の多価性をも表現するのである．じつはその基本群 Γ は前述の Lie，Picard，Vessiot の考えた連続群 G（以下これを Picard-Vessiot 群という）に含まれる：$G \supset \Gamma$．しかし $G = \Gamma$ ではないから，Γ は微分方程式の解法理論においては，Picard-Vessiot 群 G ほどは強力でない．しかし，対象とする微分方程式を Fuchs 型のもののみに限るならば，その解法理論はモノドロミー群 Γ だけで完全に記述できるのである．以上が本書第19週までの主な内容である．

しかしながら，モノドロミー群Γの重要性は“解法理論”にあるのではない．むしろΓは微分方程式が初等的に解けないときに威力を発揮する．それは，特別な型のFuchs型微分方程式論を保型関数論とむすびつけ，解のふかい解析的代数的構造の追求を可能にする．Riemannは3つの特異点をもつ場合，すなわち，解が本質的に超幾何級数で書ける場合を扱った．RiemannのP関数の理論というのがそれである．その後，FuchsやPoincaréにより，この理論はかなり追求された．とくにPoincaréはこの理論を，保型関数とのむすびつきにおいて研究している．（第∞週参照．）

今どき，Fuchs型の微分方程式など，なんとヒネコビタものをやったんだと評される方もあると思う．たしかに全解析学の壮大で健康な流れの中においてみると，それはひ弱くみえる．

それにもかかわらず，私はこの対象が教育的には適当と考えてゼミナールに選んだ．その理由は，

［i］ 代数系（群），Topology，解析学（関数論）の入門部とすることができる．

［ii］ この3つとも，ごく初歩の知識があればよいが，しかし3つとも皆必要とする．そして，数学は多くの分野が交錯するところこそ，最もおもしろい分野であるとい

うことの最もプリミティブな例となる．数学は一つであるという感覚がつちかわれる．視野を広くする．

［iii］ガロア理論が視覚化されてその理解を助ける．

［iv］手頃なレポート用問題がつくれる．

［v］何よりも，私にはまだ解析学の中の最もおもしろい分野は，その代数的構造であるという古クサイ（?）ドグマを忘れることができない．Fuchs 型の微分方程式の中には，もはや残されたよい問題はないかもしれぬが，それも多変数となると話は別で，未開拓のものがたくさんあるように思われる．実際 Appell が作った 2 変数の超幾何級数の理論は，対称空間には帰着できぬもののようである．discrete な monodromy group をもつものは，代数多様体の moduli の理論に帰着できるのであろうか？ Kähler の 1930 年の仕事もこれらの問題にかかわっているように思われるが，その後未開拓のようである．さらにまた最近の Leray の Cauchy Problem についての一連の仕事は偏微分方程式のこのような群論的統制への準備とみなせるのではないか？（第 $\infty+1$ 週参照.）

実際，このゼミナールは私としては成功したと思っている．出席した学生のうち何人かは，数学科にすすみ，いまは立派な数学者になっている．そして（表題につづく）．

昭和 42 年 9 月 1 日

久賀道郎

二伸：この講義の一部，第1週から第11週までは，以前『数学セミナー』に筆者が山辺敏夫のペンネームで連載したものである．先輩清水達雄氏および『数学セミナー』編集部の方々のおすすめによって，それに加筆し，全講義を復元して，この本にまとめた．そのさい，日本評論社の本橋さんや，『数学セミナー』編集部の方々に大層おせわになった．

これらの方々に深く感謝しております．

三伸：本講のうち ∞ 週，$\infty+1$ 週は教養学部のゼミナールでの講義ではない．成人して数学科大学院に進んだかつてのゼミナールの学生諸君の求めに応じて，筆者が行なった2時間程のハッタリ談話会の講義と，それをまとめた『数学の歩み』12巻1号の拙文をもとにして，∞，$\infty+1$ 週を構成した．

なお有限週，無限週を通じて，本書の叙述は原講義のスタイルをかなり忠実に再現している．そして，それは感覚的な表現を旨とし厳密性は犠牲にしてある．読者の宥恕を乞う．

目　次

ガロアの夢

群論と微分方程式

数学以前のことなど

第0週　予備知識はいりません

こんにちは.

この講義の標題は「群論と微分方程式」である. 内容は, 序文でのべておいた*. この講義を聞くために必要な予備知識をつぎにかかげよう.

(0)　最初の2週間（第1週と第2週）の講義を聞くためには, 予備知識は何もいらない. あとになると群論, topology の初歩, 関数論, 微分方程式論の初歩が予備知識として必要になってくる.

(1)　群論をご存知ない方は第3週目（来々々週だ, 今日から3週間ある.）までに“群”の定義とその二, 三の簡単な性質を手ごろな本で自習しておくこと. たとえば, ポントリャーギン著（杉浦光夫他訳）『連続群論』（上）（岩波書店）のはじめの12ページまでを読めばよい. 群, 準同型, 同型などの言葉がわかればよい.

---

*　この「第0週」には, ゼミナールを開く前の preliminary meeting に語ったことを書いておく. 実際の講義では, この日に序文でのべたようなことも, しゃべりまくって, 学生たちを煙にまいたのであった.

(2)　topologyの言葉をご存知ない方は第12週目までに，近傍，開集合，連続写像，位相同型写像（homeomorphism）などの言葉の意味を知っておくこと．たとえば上記，ポントリャーギン『連続群論』（上）の第2章53ページから66ページまでの内容を知っていれば十分である．

(3)　1変数複素関数論のごく初歩の知識を第15週目以降に必要とする．関数の正則性（holomorph），コーシー-リーマン方程式，定積分，Cauchyの定理：$\int_c f(z)dz=0$，Moreraの定理，Cauchyの積分公式，ベキ級数（整級数），極，Laurent展開，有理型関数，など．高木貞治著『解析概論』第5章230ページから278ページくらいまでの知識で十分．

(4)　複素変数の線型常微分方程式の知識，とくに解の存在定理を，第16週以降で用いる．またFuchs型の微分方程式についての知識を第17~18週以下で必要とする．

(5)　第16週以後において，線型代数学の簡単な概念を用いる．線型写像とそのマトリックス表示，群の線型表現の概念．

(6)　第∞週以後においては，大学理学部数学科卒業程度のすべての数学を予備知識として要求する．

第1週　集合と写像

今日は，数学を述べるために基本的な言葉である，**集合**と**写像**の概念を説明する．ご存知の方も多いだろうから，あっさり叙述する．

集　合

はっきり定義されたものの集まりのことを**集合**といい，集められた個々のもののことをその集合の要素という．集合をあらわすのに，この講義では $\mathfrak{M}$ とか $\mathfrak{N}$ とかの大文字を用い，要素をあらわすのに x とか y とかの小文字をつかう．x が集合 $\mathfrak{M}$ の要素であるとき，x は $\mathfrak{M}$ に入っている，または x は $\mathfrak{M}$ に属するなどといい，

$$\mathfrak{M} \ni x \quad \text{とか} \quad x \in \mathfrak{M}$$

などと書きあらわす．また y が集合 $\mathfrak{M}$ の要素でないことを

$$\mathfrak{M} \not\ni y \quad \text{または} \quad y \notin \mathfrak{M}$$

などとあらわす．

例1　自然数の全体を考える．自然数とは，

$$1, 2, 3, 4, 5, 6, \cdots$$

のように1からはじまり，それに1ずつ加えて得られる

数のことである．自然数は無限にあるが，それら全体をひとまとめにまとめて考える．そのまとめ上げたものは**自然数というものの集まり**だから，1つの集合である．その集合を文字 $\boldsymbol{N}$ であらわそう．すなわち

$$\boldsymbol{N} = \{1, 2, 3, 4, 5, 6, 7, 8, \cdots\}.$$

自然数はすべて $\boldsymbol{N}$ に属しており，自然数でないものは1つも $\boldsymbol{N}$ に属していないのである．

1966は1つの自然数だから，集合 $\boldsymbol{N}$ に属している．すなわち

$$1966 \in \boldsymbol{N}.$$

ところが，-7031 は自然数ではないから，$\boldsymbol{N}$ に属していない．すなわち

$$-7031 \notin \boldsymbol{N}.$$

例2　整数の全体を考える．整数とは

自然数：$1, 2, 3, 4, 5, \cdots$

自然数に負号をつけたもの：$-1, -2, -3, -4, \cdots$

ゼロ：0

を総称した名前である．整数全体の集まりを考えると，それは1つの集合である．その集合を数学者は文字 $\boldsymbol{Z}$ で書きあらわす．

$$\boldsymbol{Z} = \left\{ \begin{array}{l} 1, 2, 3, 4, 5, 6, \cdots \\ 0, -1, -2, -3, -4, -5, -6, \cdots \end{array} \right\}$$

である．

$$-7031 \quad \text{は整数だから} \quad -7031 \in \boldsymbol{Z},$$

$$\frac{355}{113}\quad \text{は整数ではないから}\quad \frac{355}{113}\notin \boldsymbol{Z}.$$

例3　有理数の全体を考える．有理数とは2つの整数 n と m とから $\frac{m}{n}$ のように分数の形に書きあらわされる数のことである．（ただしここで $n\neq 0$.）“有理数の全体”という集合を文字 $\boldsymbol{Q}$ であらわす．

$$\frac{-355}{113}\quad \text{は有理数だから}\quad \frac{-355}{113}\in \boldsymbol{Q},$$

$$\sqrt{2}\quad \text{は有理数ではないから}\quad \sqrt{2}\notin \boldsymbol{Q}.$$

例4　“実数の全体”がつくる集合を $\boldsymbol{R}$ と書く．

$$\sqrt{2}\in \boldsymbol{R},\quad 1+2\sqrt{-1}\notin \boldsymbol{R}.$$

例5　“複素数の全体”がつくる集合を $\boldsymbol{C}$ と書く．複素数とは $x+\sqrt{-1}y$ の形の数のことである．ここに x，y は実数.

例6　現在（=1960年10月31日午後1時32分17秒8322…）この地球上に生きている，すべての人間の集合.

例7　現在，この教室（=T大教養学部9番教室）にいるすべての学生の集合.

例8　100以下のすべての素数の集合．これは $\{2, 3, 5, 7, 11, 13, 17, 19, 23, 29, 31, 37, 41, 43, 47, 53, 59, 61, 67, 71, 73, 79, 83, 89, 97\}$ の25個の要素からなる集合である．

例9　平面を1枚考える．たとえば，この教室のこの黒板を上下左右に限りなく延長してできる平面を π と書こう．このπの上には無数に点がのっている．たとえば，この点Pもこの点Qも（といいながら，講師は黒板の上に，たくさん点を書いて）……みなπの上の点である．これらπ上の点の全体（実に無数にあるが）は集まってこの平面πを構成している．それゆえ，この平面πは，（π上にあるすべての点の集まりである）1つの集合と考えられる．

点Pがπ上にあれば　　$P \in \pi$,

点Rがπ上になければ　　$R \notin \pi$.

例 10　同様にπ上に1つの円周Cを考えよう．（といいながら，講師は黒板に1つの円を書いて）この円Cもその上にのる無数の点の集まりであるから，1つの集合である．図1.1において

$$P \in C, \quad Q \notin C.$$

この例や，前の例や，つぎの例のように，要素が（幾何学的な）点であるような集合を点集合という．

例 11　平面π上の任意の図形Dを考えよう．（といいながら講師は黒板上にオバQを書いて）この斜線でおおった部分をDと書こう．この図形DもDを構成している点の集まりであるから1つの集合である．

（注意）　考える図形は，この図のようなひとつながりのものである必要はない．たとえば，（といいながら黒板の上にオバQとP子を書いて）この2つをまとめて1つの集合Fと考えてもよいのである．

図 1.1

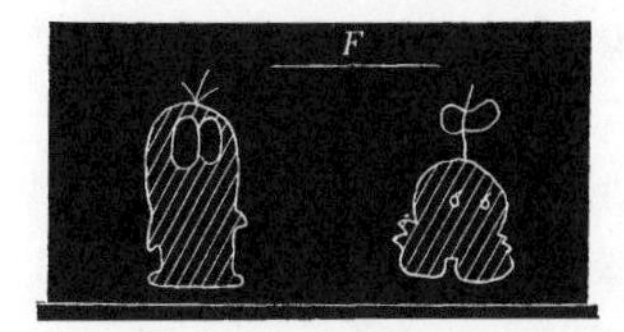

図 1.2

図形 F のように離れ離れになっている2つ以上の部分からなる点集合を“非連結”な点集合という．それについては後でくわしくのべる．（第4週の講義参照．）

図 1.3

たとえば，この地球儀の陸地をなす部分のみの点の集合は非連結な点集合である．

例 6，例 7，例 8 にのべた集合は，構成要素の個数が有限個である．例 8 は 25 個の要素からなり，例 6 はほぼ 30 億の要素からなり，例 7 は，（エート，1 人，2 人，…とかぞえて）45 人いるから，45 個の要素からなる．

このように，有限個の要素からなる集合を**有限集合**という．それに対して，例 1，例 2，例 3 のように無限個の要素を含む集合を**無限集合**という．有限集合 $\mathfrak{M}$ の要素の個数が m ならば，それを，

$$|\mathfrak{M}| = m$$

と書くことにする．すなわち $|\mathfrak{M}|$ は有限集合 $\mathfrak{M}$ の含む要素の個数をあらわす記号である．また $\mathfrak{M}$ が無限集合であるときは，$|\mathfrak{M}| = \infty$ と書くことにする．

例 12　$\mathfrak{M}$ を 10 以下の素数の集合とすると，

$$\mathfrak{M} = \{2, 3, 5, 7\}, \quad \text{ゆえに} \quad |\mathfrak{M}| = 4.$$

例 13　$\mathfrak{M}$ を 6 と 9 の間にある素数の集合とすると，該当する素数は 7 しかないから，$\mathfrak{M} = \{7\}$，ゆえに　$|\mathfrak{M}| = 1$.

“集合” の “定義” は “もの” の “集まり” であった．日本語で，ものが “集まる” というとき，それは 2 個以上のものが 1 か所により集まることを意味する．たった 1 個のものが，そこにおいてあるだけであるときに，“そこにものが集まっている” という言い方は，日本語では普通しない．しかし，数学では，“集まり” という言葉を拡張解釈して，たった 1 個のものが，そこにおいてあるだけ

でも，そこにものが集まっていると解釈し，それを集合とみなす．すなわち上の例13のような，$|\mathfrak{M}|=1$ であるような“集合”を許容するのである．

それどころではない．数学では $|\mathfrak{M}|=0$ であるような“集合”さえも考えるのである．すなわち“全然　ただの1個すらも要素をもたない集合”を，“集合”の“定義”が“**もの**”の“**集まり**”である以上，“全然　集められたもののないカラカラの集合”なるものは，“集合”の定義違反である．しかし数学では，とくにこの違反には目をつぶり，“要素を1つももたない”集合をとくに強引に考えることにする．そしてそれを**空集合**といい，記号 $\varnothing$ であらわす．（別の言葉でいえば，空集合なる新概念を別に導入するのである．）

数学語

このへんで，二,三の数学語を知っておくと，あとあと便利である．

まず，記号 $\forall$ は**すべての**という意味の数学語である．または**任意の**という意味をもつ．ところでこの2つ，**すべての**と**任意の**とは論理的に同値である．じっさい

　　すべてのオンナノコは頭がわるい．（失礼！）

という命題と

　　任意のオンナノコは頭がわるい．

という命題とは，同じ内容をもっているではないか？（命題自身の当否は別として！）

記号∀はall，anyの頭文字aの大文字を印象を強めるためにサカサにしたのである．

記号∃は存在するという意味の数学語である．existのeの大文字をサカサにしたのである．

記号¬は否定詞（でない）である．

記号|は英語のsuch that（…のような…）に相当する数学語である．

中カッコ{…}はカッコ内の…を要素としてまとめてうる集合をあらわす記号である．たとえば

$$\{\mathrm{O_{va}Q, O_{va}P, Dodompa}\}$$

は$\mathrm{O_{va}Q}$, $\mathrm{O_{va}P}$, Dodompaなる3つのものをまとめて1つの集合とした，その集合をあらわすのである．

まとめて，

数学語小辞典

数学語	英語または日本語
∀	all，any，すべての，任意の
∃	exist，存在する
¬	（否定詞），… でない
|…	such that…，… のような
{…}	… を要素とする集合

（使い方）

(1) $$\{x \in \boldsymbol{R} \mid x^2 < 1\}$$

は，x^2が1より小さいような（such that）実数x全体の

集まりである集合である.

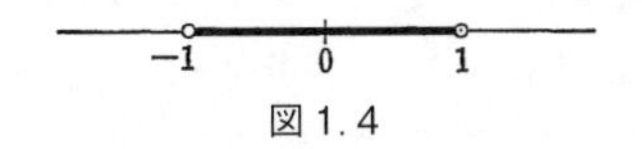

図 1.4

すなわち，上図のような，実数直線上の -1 と 1 の間の部分である.

(2)
$$\{x \in \boldsymbol{R} \mid \exists y \in \boldsymbol{R} \mid \sin y = x\}$$
は，$\sin y = x$ となるような（such that）実数 y が存在するような（such that）実数 x の全体のつくる集合をあらわす．すなわち，$\{x \in \boldsymbol{R} \mid |x| \leqq 1\}$ と同じである.

部分集合

$\mathfrak{M}$，$\mathfrak{N}$ を 2 つの集合とする．$\mathfrak{N}$ のすべての要素が，どれも必ず $\mathfrak{M}$ の要素でもあるとき，$\mathfrak{N}$ は $\mathfrak{M}$ の部分集合であるという．記号で $\mathfrak{N} \subset \mathfrak{M}$，または $\mathfrak{M} \supset \mathfrak{N}$ とも書く.

例 14　自然数は正の整数である．つまり任意の自然数は整数でもあるから，$\boldsymbol{N} \subset \boldsymbol{Z}$．同様に $\boldsymbol{Z} \subset \boldsymbol{Q}$．任意の整数 n は $n = n/1$ として分数の形に書けるから有理数でもあるからである．同様に，$\boldsymbol{Q} \subset \boldsymbol{R}$，$\boldsymbol{R} \subset \boldsymbol{C}$．まとめて
$$\boldsymbol{N} \subset \boldsymbol{Z} \subset \boldsymbol{Q} \subset \boldsymbol{R} \subset \boldsymbol{C}.$$

一般に 3 つの集合 $\mathfrak{M}$，$\mathfrak{N}$，$\mathfrak{L}$ に対して，$\mathfrak{M} \supset \mathfrak{N}$，$\mathfrak{N} \supset \mathfrak{L}$ であれば，$\mathfrak{M} \supset \mathfrak{L}$ であることは明らかだろう.

上の定義によれば，$\mathfrak{M}$ 自身が $\mathfrak{M}$ の 1 つの**部分集合**である．すなわち，$\mathfrak{M} \supset \mathfrak{M}$.

いま，$\mathfrak{N}$ が $\mathfrak{M}$ の部分集合で，しかも $\mathfrak{N}$ は $\mathfrak{M}$ 自身で

はないとき，すなわち $\mathfrak{M} \supset \mathfrak{N}$ で $\mathfrak{M} \neq \mathfrak{N}$ であるとき，$\mathfrak{N}$ は $\mathfrak{M}$ の**真部分集合**であるといわれる．$\mathfrak{N}$ が $\mathfrak{M}$ の部分集合であることは上記のように $\mathfrak{M} \supset \mathfrak{N}$ または $\mathfrak{N} \subset \mathfrak{M}$ とあらわされるが，とくに $\mathfrak{N}$ が $\mathfrak{M}$ の真部分集合であることが分かっていて，そのことを強調したいときには

$$\mathfrak{M} \supsetneqq \mathfrak{N} \quad \text{または} \quad \mathfrak{N} \subsetneqq \mathfrak{M}$$

と書きあらわす．

ここで1つ約束．

約束　空集合 $\varnothing$ はすべての集合の部分集合であると考えることと約束する．

すなわち，任意の $\mathfrak{M}$ につき，$\mathfrak{M} \supset \varnothing$.

問題　$\mathfrak{M} = \{a, b, c\}$ を3個の要素 a, b, c からなる有限集合であるとする．$\mathfrak{M}$ の部分集合の総数を求めよ．

（解）　$\mathfrak{M} = \{a, b, c\}$ 自身は $\mathfrak{M}$ の部分集合である．

また，2個の要素の集まり　$\{a, b\}$　は $\mathfrak{M}$ の部分集合，
2個の要素の集まり　$\{b, c\}$　も $\mathfrak{M}$ の部分集合，
2個の要素の集まり　$\{c, a\}$　も $\mathfrak{M}$ の部分集合．

また，1個の要素の集まり　$\{a\}$　も $\mathfrak{M}$ の部分集合，
1個の要素の集まり　$\{b\}$　も $\mathfrak{M}$ の部分集合，
1個の要素の集まり　$\{c\}$　も $\mathfrak{M}$ の部分集合．

また，約束により空集合　$\varnothing$　も $\mathfrak{M}$ の部分集合である．

ゆえに，$\mathfrak{M}$ の部分集合は $\mathfrak{M} = \{a, b, c\}, \{a, b\}, \{b, c\}, \{c, a\}, \{a\}, \{b\}, \{c\}, \varnothing$ の8個である．

問題　$\mathfrak{M}$ を m 個の要素からなる有限集合とするとき，

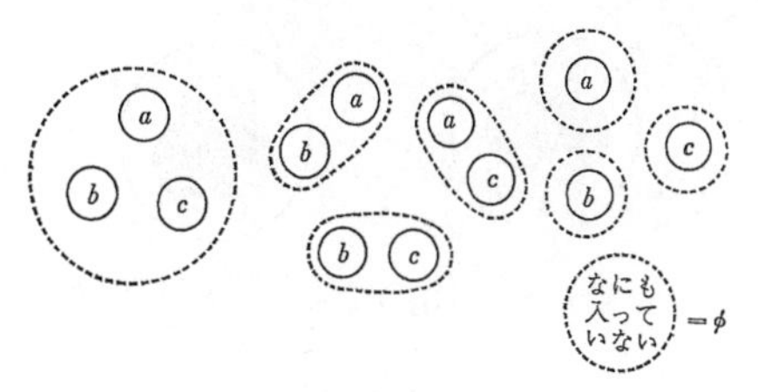

図 1.5

$\mathfrak{M}$ の部分集合の総数を求めよ．

（答）　2^m 個．証明は読者にまかせる．

集合算

以下1つの集合 $\mathfrak{M}$ を固定し，その部分集合 $A, B, C, \cdots$ たちの相互の関係をしらべる．

A, B を $\mathfrak{M}$ の2つの部分集合とする．

A, B の少なくとも一方に属しているような $\mathfrak{M}$ の要素の全体を考えよう．すなわち記号で

$$\{x \in \mathfrak{M} \mid x \in (A, B \text{ の少なくとも一方})\}$$

なるものを考えるのである．

これも $\mathfrak{M}$ の1つの部分集合である．これを $A \cup B$ という記号であらわし，A, B の和集合（または合併）というのである．

すなわち

$$A \cup B = \{x \in \mathfrak{M} \mid x \in (A, B \text{ の少なくとも一方})\}.$$

$A \cup B$ を図示すれば，図1.6のような斜線でぬりつぶ

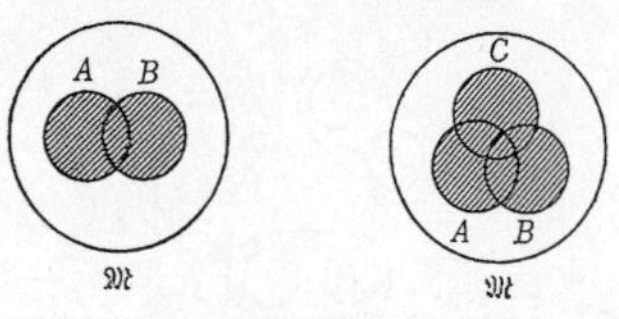

図 1.6

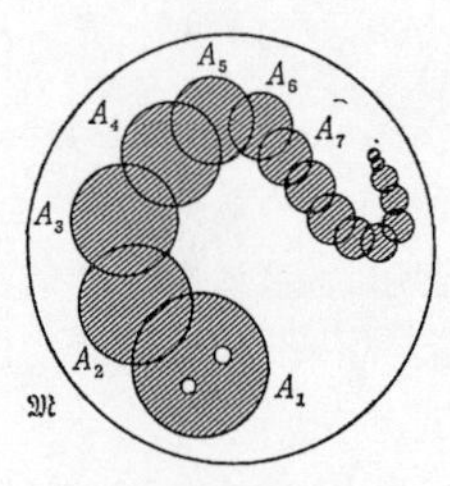

図 1.7

した部分になる.

3つの部分集合 A, B, C に対しても，その和集合（合併）$A \cup B \cup C$ が

$A \cup B \cup C = \{x \in \mathfrak{M} \mid x \in (A, B, C$ の少なくとも 1 個$)\}$

により定義される.

もっと多くの部分集合 $A_1, A_2, A_3, \cdots$（有限個ないし，無限個）の和集合（図 1.7）も同様に

$$A_1 \cup A_2 \cup A_3 \cdots = \bigcup_i A_i$$

$$= \{x \in \mathfrak{M} \mid x \in (A_1, A_2 \cdots \text{の少なくとも 1 個})\}$$

$$= \{x \in \mathfrak{M} \mid \exists i \mid x \in A_i\}$$

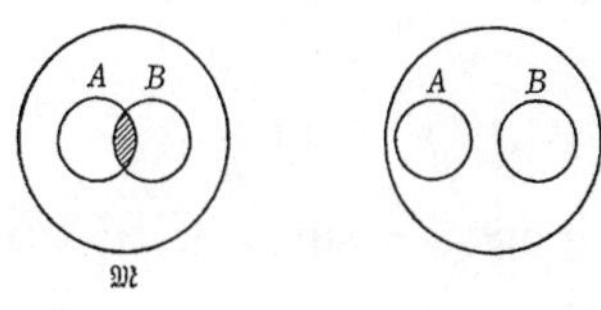

図1.8

により定義される.

2つの部分集合 A, B に対し, A, B の両方に属する要素の全体を考える. それを A, B の共通部分といい, 記号 $A \cap B$ であらわす.

すなわち

$$A \cap B = \{x \in \mathfrak{M} \mid x \in A \quad \text{かつ} \quad x \in B\}.$$

図で示せば図1.8のようになる. もし図1.8右のように A と B とが離ればなれになっていれば $A \cap B = \varnothing$ (空集合) であるわけである.

3個の部分集合 A, B, C の共通部分 $A \cap B \cap C$ も同様に

$A \cap B \cap C = \{x \in \mathfrak{M} \mid x \in A \text{ かつ } x \in B \text{ かつ } x \in C\}$

により定義される.

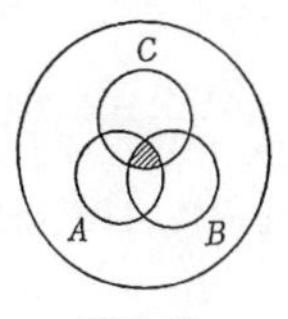

図1.9

有限個ないし無限個の部分集合 $A_1, A_2, A_3, \cdots$ の共通部

分も同様に

$$A_1 \cap A_2 \cap A_3 \cap \cdots = \bigcap_i A_i$$
$$= \{x \in \mathfrak{M} \mid x \in (\text{all of } A_1, A_2, A_3, \cdots)\}$$
$$= \{x \in \mathfrak{M} \mid \forall i, x \in A_i\}$$

により定義される.

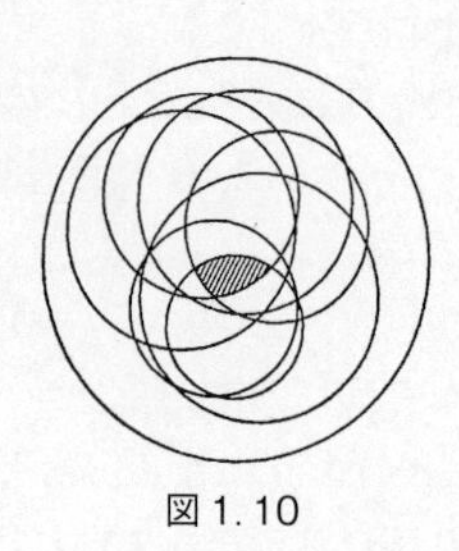

図 1.10

公式 1.1　A, B, C を $\mathfrak{M}$ の 3 つの部分集合とするとき,

$$A \cup (B \cap C) = (A \cup B) \cap (A \cup C)$$
$$A \cap (B \cup C) = (A \cap B) \cup (A \cap C)$$

がなりたつ. この 2 つの公式を分配法則という.

証明は各自図 1.11 をみて自得されたい.

写　像

$\mathfrak{M}$, $\mathfrak{N}$ を 2 つの集合とする. 集合 $\mathfrak{M}$ の任意の要素を

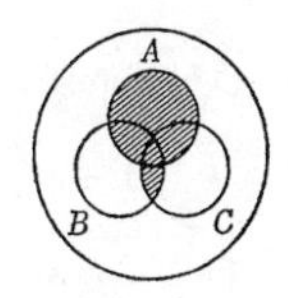

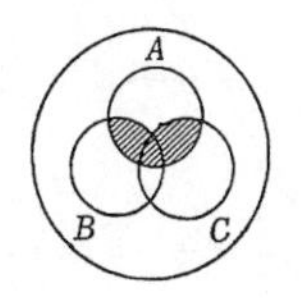

図 1. 11

指定したとき，それに応じて集合 $\mathfrak{N}$ の要素をそれぞれ対応させる**対応づけ**のことを $\mathfrak{M}$ から $\mathfrak{N}$ への**写像**という．写像をふつう f とか g とか φ，ϕ などの記号であらわす．写像 f によって，$\mathfrak{M}$ の要素 x に対応させられている $\mathfrak{N}$ の要素のことを $f(x)$ と書き，f による x の**像**という．

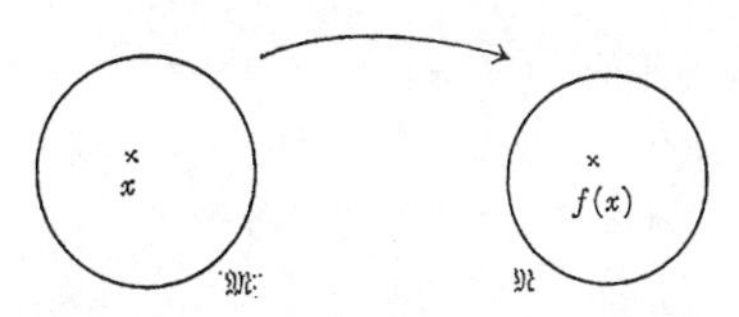

図 1. 12

例 15　$\mathfrak{M}=\mathfrak{N}=\boldsymbol{R}$ のとき，$\boldsymbol{R}$ から $\boldsymbol{R}$ への写像はいわゆる“関数”である．関数はグラフであらわすと便利であることは，よくご存知だろう．

二, 三の関数とグラフを書いておく．

実数 x に $2x-1$ を対応させる関数を f_1 と名づけよう．このことを $f_1:\boldsymbol{R}\ni x\longmapsto 2x-1$ とあらわす．同様に，実数 x に x^2+1 を対応させる関数を f_2，実数 x に e^x を対応させる関数を f_3 と書く．すなわち

$$f_2: \quad \boldsymbol{R} \ni x \longmapsto x^2+1; \quad \text{すなわち } f_2(x) = x^2+1,$$

$$f_3: \quad \boldsymbol{R} \ni x \longmapsto e^x; \quad \text{すなわち } f_3(x) = e^x.$$

それぞれのグラフは図 1. 13 のとおりである.

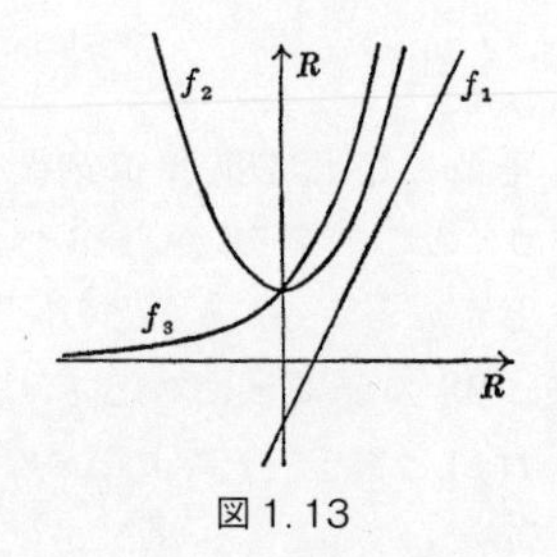

図 1. 13

例 16　π を平面, l を π 内の直線とする. π の任意の点 P に, P の l への正射影 P' を対応させる写像を proj_l と書く. これは π から l への写像である.

$$\begin{array}{rccc} \mathrm{proj}_l : & \pi & \longrightarrow & l \\ & \cup & & \cup \\ & P & \longmapsto & (P \text{ の } l \text{ への正射影}) \end{array}$$

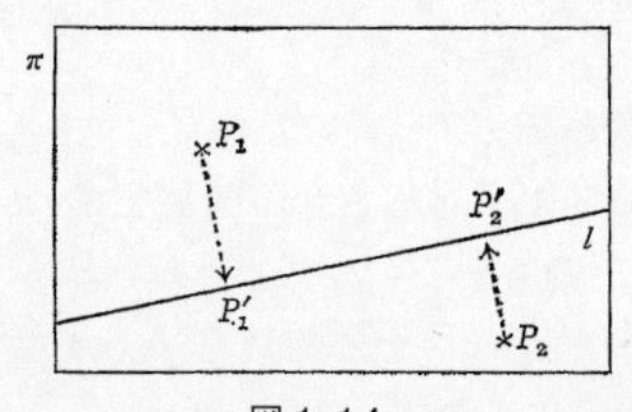

図 1. 14

例 17　図 1.15 のように平行の位置にある 2 平面を $\mathfrak{M}$, $\mathfrak{N}$ とし，$\mathfrak{M}, \mathfrak{N}$ 上にない 1 点 O を用意する．$\mathfrak{M}$ をフィルム，$\mathfrak{N}$ をスクリーンとよぶ．$\mathfrak{M}$ の任意の点 P に直線 $\overline{OP}$ と $\mathfrak{N}$ との交点 P' を対応させる写像を φ と書こう．

$$\begin{array}{rccl}\varphi : & \mathfrak{M} & \longrightarrow & \mathfrak{N} \\ & \Cup & & \Cup \\ & P & \longmapsto & P' = \overline{OP} \cap \mathfrak{N}.\end{array}$$

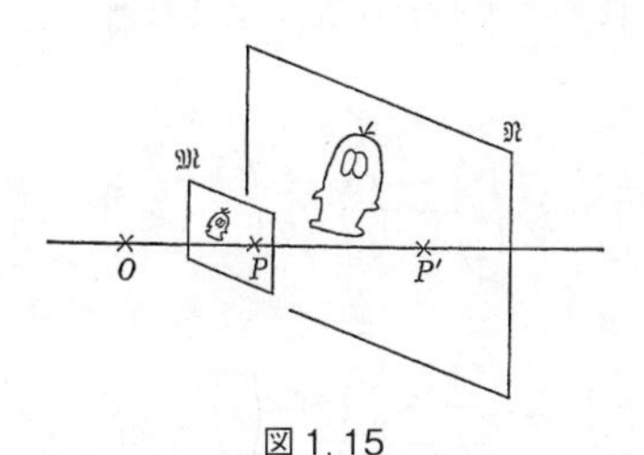

図 1.15

例 18　$\mathfrak{N}$ を人間の全体の集合，すでに死んだ人も全部ふくめて，Adam, Eve 以来の全人間の集合とする．$\mathfrak{M}$ を $\mathfrak{N}$ から {Adam, Eve} の 2 人を取り去ったのこりの集合とする：$\mathfrak{M} = \mathfrak{N} - \{\text{Adam, Eve}\}$.

$\mathfrak{M}$ の任意の要素 x（x 氏または x 嬢または x 夫人）に x の母親を対応させる写像を μ と書こう．

$$\mu : \mathfrak{M} \ni x \longmapsto \text{mother of } x \in \mathfrak{N}.$$

同様に父親を対応させる写像を φ と書こう．

$$\varphi : \mathfrak{M} \ni x \longmapsto \text{father of } x \in \mathfrak{N}.$$

問題　$\mathfrak{M}$, $\mathfrak{N}$ を有限集合 $|\mathfrak{M}| = m$, $|\mathfrak{N}| = n$ とする．

$\mathfrak{M}$ から $\mathfrak{N}$ への写像の総数を求めよ.

解を書くまえに実験してみよう. $m=3, n=2$ くらいでやってみる. $\mathfrak{M}=\{x,y,z\}, \mathfrak{N}=\{a,b\}$ としよう. (写像を指示する方法として, 対応するものを矢印で結んだ表を用いることにする.) まず x にも y にも z にも a を対応させる写像が考えられる. これを f_1 と書こう. (これは図 1.16 左上の図形で表わされる.) 以下同様である.

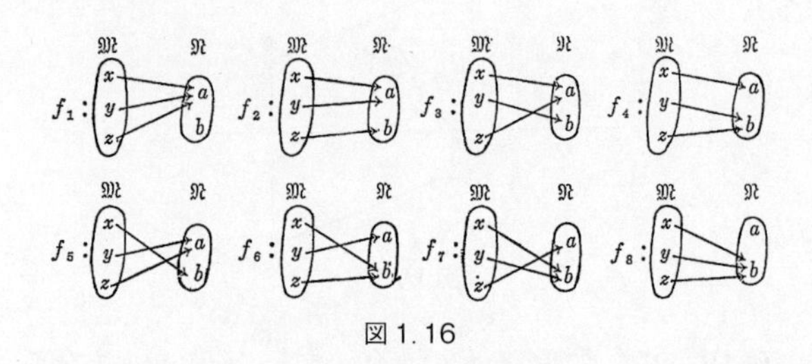

図 1.16

図 1.16 の 8 個ですべてである. ゆえに $m=3, n=2$ のときは答は 8 個である. 一般には写像の総数は n^m 個である. 証明は読者にまかせる.

f を $\mathfrak{M}$ から $\mathfrak{N}$ への写像とする : $f:\mathfrak{M}\longrightarrow\mathfrak{N}$, x が $\mathfrak{M}$ の中をくまなく動きまわるとき, 像 $f(x)$ の動きまわる範囲を $f(\mathfrak{M})$ と書く. これは $\mathfrak{N}$ の部分集合である. 記号で書けば

$$f(\mathfrak{M})=\{f(x)\mid x\in\mathfrak{M}\}.$$

よりシチメンドクサイ書き方をすれば,

$$f(\mathfrak{M}) = \{y \in \mathfrak{N} \mid \exists x \in \mathfrak{M} \mid f(x) = y\}.$$

すなわち $f(\mathfrak{M})$ は $f(x) = y$ となるような（such that）$\mathfrak{M}$ の要素 x が存在するような（such that）$\mathfrak{N}$ の要素 y の全体のつくる集合である.

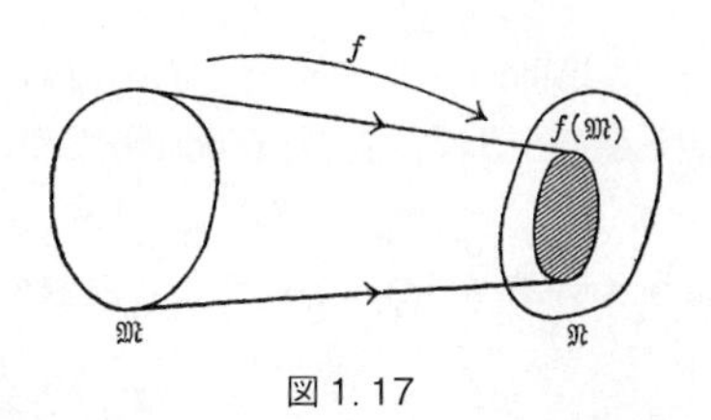

図 1. 17

$f(\mathfrak{M})$ を f の値域という. 例 15 においては

$$f_1(\boldsymbol{R}) = \boldsymbol{R}, \quad f_2(\boldsymbol{R}) = [1, \infty), \quad f_3(\boldsymbol{R}) = (0, \infty)$$

である. 例 16 においては $\mathrm{proj}_l(\pi) = l$ である.

一般に $f : \mathfrak{M} \longrightarrow \mathfrak{N}$ において $f(\mathfrak{M}) = \mathfrak{N}$ であるとき, $\boldsymbol{f}$ は全射（surjection）であるとか, $\boldsymbol{f}$ は $\mathfrak{M}$ から $\mathfrak{N}$ の上への（onto の）写像であるとか, $\boldsymbol{f}$ は surjective であるとかいわれる. 例 15 の f_1, 例 16 の proj_l, 例 17 の φ は全射である.

また $f : \mathfrak{M} \longrightarrow \mathfrak{N}$ において, $x, y \in \mathfrak{M}$, $x \neq y$ であれば必ず $f(x) \neq f(y)$ であるとき, $\boldsymbol{f}$ は単射（injection）であるとか, $\boldsymbol{f}$ は injective であるとかいわれる.

例 15 の f_1 および f_3, 例 17 の φ は injective である. 例 15 の f_2, 例 16 の proj_l は injective でない.

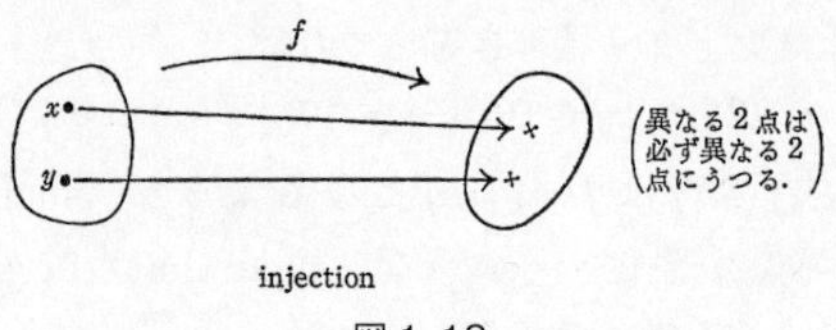

図 1.18

例 15 の f_1 は injective かつ surjective，f_2 は injective でも surjective でもなく，f_3 は injective だが surjective でない.

問題　surjective だが injective でない関数の例をつくれ.

$f:\mathfrak{M}\longrightarrow\mathfrak{N}$ が injective かつ surjective であるとしよう．このとき $\mathfrak{N}$ の任意の要素 y に対し，$f(x)=y$ となる $x\in\mathfrak{M}$ がただ 1 つ定まる．y にこの x を対応させる写像を f^{-1} と書き，f の逆写像という.

例 15 の $f_1:x\longmapsto 2x-1$ の逆写像は $f_1^{-1}:x\longmapsto\frac{1}{2}(x+1)$ である.

$\mathfrak{M},\mathfrak{N},\mathfrak{L}$ を 3 つの集合，f を $\mathfrak{M}$ から $\mathfrak{N}$ への写像，g を $\mathfrak{N}$ から $\mathfrak{L}$ への写像とする．$\mathfrak{M}$ の要素 x に $g(f(x))$ を対応させる写像を f と g の合成写像といい，$g\circ f$ であらわす：

$$g\circ f:\mathfrak{M}\ni x\longmapsto g(f(x))\in\mathfrak{L},$$

すなわち

$$(g\circ f)(x)=g(f(x)).$$

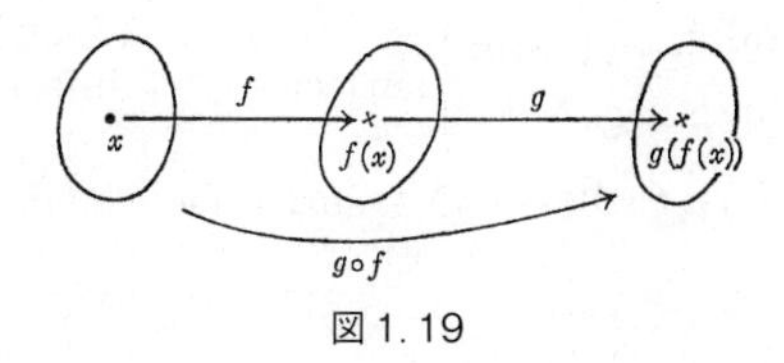

図 1.19

> 公式 1.2　$\mathfrak{M}, \mathfrak{N}, \mathfrak{L}, \mathfrak{K}$ を 4 つの集合，f, g, h をそれぞれ $\mathfrak{M}$ から $\mathfrak{N}$，$\mathfrak{N}$ から $\mathfrak{L}$，$\mathfrak{L}$ から $\mathfrak{K}$ への写像とする．そのとき，公式
> $$h\circ(g\circ f) = (h\circ g)\circ f$$
> が成りたつ．

証明　どちらも $x \longmapsto h(g(f(x)))$ であるからである．

Q. E. D.

以後，$h\circ(g\circ f) = (h\circ g)\circ f$ を $h\circ g\circ f$ と書く．もっとたくさんあっても同様で，$f_5\circ f_4\circ f_3\circ f_2\circ f_1$ などと（　）抜きで書いてよい．

集合 $\mathfrak{M}$ において任意の要素 x に x 自身を対応させる写像 $x \longmapsto x$ を $\mathfrak{M}$ の恒等写像といい，$\mathrm{id}_{\mathfrak{M}}$ であらわす．$\mathrm{id}_{\mathfrak{M}}(x) = x$.

> 公式 1.3　任意の $f : \mathfrak{M} \longrightarrow \mathfrak{N}$ に対し，$f\circ \mathrm{id}_{\mathfrak{M}} = \mathrm{id}_{\mathfrak{N}}\circ f = f$.
>
> 公式 1.4

$$\left.\begin{array}{ll} f:\mathfrak{M}\longrightarrow\mathfrak{N} & \text{が} \\ g:\mathfrak{N}\longrightarrow\mathfrak{L} & \text{が}\end{array}\right\}\text{surjective かつ injective}$$

のとき，$g\circ f:\mathfrak{M}\longrightarrow\mathfrak{L}$ も surjective かつ injective で，

$$\begin{cases} (f^{-1})^{-1}=f, \\ f^{-1}\circ f=\mathrm{id}_{\mathfrak{M}}, \quad f\circ f^{-1}=\mathrm{id}_{\mathfrak{N}} \\ (g\circ f)^{-1}=f^{-1}\circ g^{-1} \end{cases}$$

が成り立つ．

証明は読者にまかせる．

第 2 週　同値類別について

（講師独白：講義の導入部に抽象的な題目をおくのは好ましくないことだが，後に明確な概念を欠くために舌足らずの表現をとらねばならぬ羽目におちいるよりは，むしろ必要な概念は思い切って徹底的に学生にたたき込んでおく方がよいであろう.）

集合 $\mathfrak{M}$ を図 2.1 のように，いくつかの——有限個ないし無限個の——互いに重なりあわない部分集合 $\mathfrak{N}_\alpha, \mathfrak{N}_\beta, \mathfrak{N}_\gamma, \cdots$ の和に分割することを $\mathfrak{M}$ の類別という．このとき，もちろん $\mathfrak{N}_\alpha, \mathfrak{N}_\beta, \cdots$ に対し，つぎの C-(1), (2) が成り立つ.

C-(1)　$\mathfrak{M} = \mathfrak{N}_\alpha \cup \mathfrak{N}_\beta \cup \mathfrak{N}_\gamma \cup \cdots$

$$= \bigcup_\xi \mathfrak{N}_\xi \text{（}\xi \text{ は } \{\alpha, \beta, \cdots\} \text{ をわたる.）}$$

$\mathfrak{M}$ が $\mathfrak{N}_\alpha, \mathfrak{N}_\beta, \cdots$ たちによりすきまなく覆われているということである.

C-(2)　$\mathfrak{N}_\xi \neq \mathfrak{N}_\eta$ ならば $\mathfrak{N}_\xi \cap \mathfrak{N}_\eta = \varnothing$

（ξ, η は $\{\alpha, \beta, \cdots\}$ の中の任意の 2 つ.）

つまり $\mathfrak{N}_\alpha, \mathfrak{N}_\beta, \cdots$ たちは互いに重なり合わないということである.

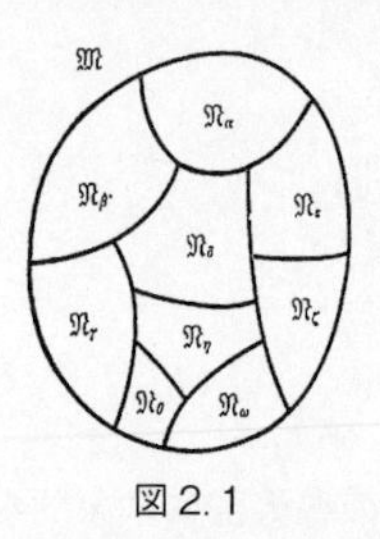

図 2.1

つまり，$\mathfrak{M}$ の類別とは (2) が成り立つような部分集合たち $\mathfrak{N}_\alpha, \mathfrak{N}_\beta, \cdots$ の和として (1) のように $\mathfrak{M}$ を書きあらわすことにほかならない．

$\mathfrak{M}$ の類別 $\mathfrak{M} = \bigcup \mathfrak{N}_\xi$ において，おのおのの部分集合 $\mathfrak{N}_\alpha, \mathfrak{N}_\beta, \cdots$ の１つ１つのことを数学者は**類** (class) とよぶのだが，数学者以外の人には“小部屋”といった方がピンとくるかも知れない．この講義では，これら２つの名前を併用する．

例１　$\mathfrak{M}$ をこの地球上に現在 (=1960 年 12 月 19 日午後１時 36 分 27 秒 5) 生存する人間の全体がつくる集合．$\mathfrak{N}_1$ をその中の男の全体，$\mathfrak{N}_2$ を女の全体とすると，明らかに

$$\mathfrak{M} = \mathfrak{N}_1 \cup \mathfrak{N}_2, \quad \mathfrak{N}_1 \cap \mathfrak{N}_2 = \varnothing$$

だから，$\mathfrak{M} = \mathfrak{N}_1 \cup \mathfrak{N}_2$ は $\mathfrak{M}$ の１つの類別である．

この類別の類は $\mathfrak{N}_1, \mathfrak{N}_2$ の２個である．

例２　$\mathfrak{M}$ は例１と同じ人間の全体の集合．$\mathfrak{N}_0$ を現在 0 歳である赤ん坊の全体がつくる集合，$\mathfrak{N}_1$ を現在１歳であ

る子供の全体がつくる集合，$\mathfrak{N}_2$ を現在2歳である子供の全体，…．一般に $\mathfrak{N}_k$ を現在 k 歳である人間の全体とすれば，明らかに

$$\mathfrak{M} = \bigcup_{k=0}^{\infty} \mathfrak{N}_k, \quad \mathfrak{N}_k \cap \mathfrak{N}_j = \varnothing \ (\mathfrak{N}_k \neq \mathfrak{N}_j \text{ ならば})$$

であるから $\mathfrak{M} = \bigcup_k \mathfrak{N}_k$ は類別である．

集合 $\mathfrak{M}$ の類別をつくる方法としては，つぎにのべる**同値関係**を用いるのが便利である．これからそれを説明しよう．「x 氏が y 氏とは互いに兄弟である」というように「互いに兄弟である」という関係は x, y 2人の人物の間の関係であるから**2項関係**であるといわれる．

例3　人間の集合 $\mathfrak{M}$ における2項関係の例．

（i）　x と y とは**互いに兄弟**である．このことを $x\mathrm{B}y$ と書こう．たとえば，岸B佐藤，日出海B東光，湯川B小川．これに反し u 氏と v 氏とが兄弟でないときには $u\not{\mathrm{B}}v$ と書く．たとえば，残念ながら，久賀道郎$\not{\mathrm{B}}$ロックフェラー．

（ii）　x 氏は y 君の**オヤジ**である．この関係を $x\mathrm{F}y$ と書くことにする．つぎの定理が成り立つ．

（定理）　$x\mathrm{F}y$，かつ，$x\mathrm{F}z$，かつ $y \neq z$ ならば $y\mathrm{B}z$ である．

（iii）　x は y に**恋している**．記号；$x\mathrm{L}y$．$x\mathrm{L}y$ でも $y\mathrm{L}x$ とは限らぬのが人生のつらいところ．なお，「$x\mathrm{L}y$ でありかつ $z\mathrm{L}y$ である」という関係のように x, y, z 3者の間に

成立する関係のことを3項関係という．数学者以外の方は3角関係とよぶようであるが．

例4　3次元 Euclid 空間 E^3 の中の直線の全体がつくる集合を $\mathfrak{L}$ と書き，$\mathfrak{L}$ における2項関係の例をあげよう．

（i）（l と l' とは）平行である．記号 $l /\!/ l'$; 否定は $l \not\!/\!/ l'$.

（ii）（l と l' とは）垂直である．記号 $l \perp l'$; 否定は $l \not\perp l'$.

（iii）（l と l' とは）相交わる．

ただしここで「l と l' とが平行である」とは，「$l = l'$ であるか，または l と l' とが同一の平面内にあってかつ l と l' とは相交わらない」こと，と定義する．そのとき，つぎの定理は周知であろう．

> **定理 2.1**
>
> (1)　$l /\!/ l$
>
> (2)　$l /\!/ l'$ ならば $l' /\!/ l$
>
> (3)　$l /\!/ l'$ かつ $l' /\!/ l''$ ならば $l /\!/ l''$ である．

(1)と(2)とは平行性の定義からアタリマエである．(3)はアタリマエではないが容易に証明できる．

さて1つの集合 $\mathfrak{M}$ における2項関係 $\sim$ がつぎの3条件 E-(1), (2), (3)をみたしているとき関係 $\sim$ は同値関係であるといわれる．

E-(1)　$\mathfrak{M}$ の任意の元 x に対し $x \sim x$ が成り立つ．

E-(2)　$x \sim y$ であれば $y \sim x$ も成り立つ．

E-(3)　$x \sim y$ であり，かつ $y \sim z$ であれば，$x \sim z$.

例5　人間の集合 $\mathfrak{M}$ における同値関係の例．

（i）　同じ年齢である．

（ii）　同じ国にすんでいる．

（iii）　同じ性（=sex，男か女かということ）である．

例６　前述の例Ｂ（＝互いに兄弟である）は，「兄弟」の意味を拡張解釈して自分自身を自分の兄弟と見なすことにするならば，これは男の集合 $\mathfrak{M}$ における同値関係になる．すなわち，E-(1)　$x\mathrm{B}x$（拡張解釈による），E-(2)　$x\mathrm{B}y$ ならば $y\mathrm{B}x$，E-(3)　$x\mathrm{B}y$ かつ $y\mathrm{B}z$ なら $x\mathrm{B}z$．

例７　直線の集合 $\mathfrak{L}$ において，平行であるという関係 $/\!/$ は同値関係である．

さて $\sim$ を集合 $\mathfrak{M}$ の１つの同値関係とするとき，$\mathfrak{M}$ の要素 x に対して $x\sim y$ となるような要素 y 全体がつくる部分集合を $\mathfrak{N}(x)$ と書く．つまり

(1)　$\mathfrak{N}(x)=\{y\in\mathfrak{M}\mid x\sim y\}$

である．もちろん

(2)　$\mathfrak{N}(x)\ni x$

が成立する．なぜなら $x\sim x$ であるから．

このように $\mathfrak{M}$ の要素 x を指定すると部分集合 $\mathfrak{N}(x)$ が定まる．x を $\mathfrak{M}$ の中でいろいろに変えてやると，それに応じていくつもの集合 $\mathfrak{N}(x)$ が生ずるが，そのようにして生じた集合を全部合わせたものは，もちろん $\mathfrak{M}$ になる．つまり

C-(1)　$\mathfrak{M}=\bigcup_{x\in\mathfrak{M}}\mathfrak{N}(x)$

である．なぜなら $\mathfrak{M}$ の任意の元 y が $\mathfrak{N}(y)$ に含まれるか

ら．また一方

C-(2)　$\mathfrak{N}(x) \neq \mathfrak{N}(y)$ ならば $\mathfrak{N}(x) \cap \mathfrak{N}(y) = \varnothing$ であることも容易に証明される．実際，もし $\mathfrak{N}(x) \cap \mathfrak{N}(y) \neq \varnothing$ であれば共通部分 $\mathfrak{N}(x) \cap \mathfrak{N}(y)$ から要素 z をとってくるならば，$\mathfrak{N}(x) \ni z$ により，$x \sim z$，一方 $\mathfrak{N}(y) \ni z$ より，$y \sim z$，ゆえに E-(2-3) によって $x \sim y$．それゆえふたたび E-(2-3) をつかえば，$\mathfrak{M}$ の任意の要素 u に対し $x \sim u$ であれば，必ず $y \sim u$ であり逆も正しい．すなわちそのことは $\mathfrak{N}(x) = \mathfrak{N}(y)$ を意味する．これで C-(2) の証明ができた．

ここに証明した C-(1)，C-(2) は $\mathfrak{M} = \bigcup_{x \in \mathfrak{M}} \mathfrak{N}(x)$ が $\mathfrak{M}$ の類別であるということにほかならない．このようにして $\mathfrak{M}$ の同値関係 $\sim$ から $\mathfrak{M}$ の類別がつくれる．

さて上にのべたように $\mathfrak{M}$ の要素 x をいろいろに変えたとき，その１つ１つに対して集合 $\mathfrak{N}(x)$ が１つずつ生ずるが，これらは互いに相異なるとは限らない．つまり $x \neq y$ でも $\mathfrak{N}(x) = \mathfrak{N}(y)$ であり得る．実際 $x \sim y$ であれば $\mathfrak{N}(x) = \mathfrak{N}(y)$ となってしまうことは上にみたとおりである．それゆえ x を $\mathfrak{M}$ の中をくまなく動かして，そのおのおのに対し $\mathfrak{N}(x)$ をつくれば $\mathfrak{M}$ の要素の個数だけの $\mathfrak{N}(x)$ が生ずるが，（説明をわかりやすくするため，今は $\mathfrak{M}$ を有限集合としておく．）それらの間には一般に多くの重複があって，その中の異なる部分集合の個数は，$\mathfrak{M}$ の個数より大部減るのである．それゆえ C-(1) のように

$\mathfrak{M}$ を $\bigcup_{x\in\mathfrak{M}} \mathfrak{N}(x)$ と合併集合の形にあらわす書き方には，ムダが（たくさん）あるといわねばならない．つぎの例をみられたい．

例8　$\mathfrak{M}$ を人間の全体の集合，x と y とが同性であるとき $x \sim y$ と書くことにする．

久賀道郎 $\sim$ 手塚治虫，

吉永小百合 $\sim$ シャーリー・マックレーン $\nsim$ 久賀道郎．

この関係 $\sim$ を用いて前述のような $\mathfrak{N}(x)$ をつくれば，$\mathfrak{N}$(久賀道郎)$=\mathfrak{N}$(手塚治虫)$=\mathfrak{N}$(遠山　啓)$=\mathfrak{N}$(矢野健太郎)$=\mathfrak{N}$(アラン・ラッド)$=\mathfrak{N}$(ジョンソン)$=\mathfrak{N}$(マオ・ツォー・トン)$=\mathfrak{N}$(一松　信)$=\mathfrak{N}$(鉄腕アトム)，および $\mathfrak{N}$(山辺今日子)$=\mathfrak{N}$(シャーリー・マックレーン)$=\mathfrak{N}$(ブリジット・バルドウ)$=\mathfrak{N}$(吉永小百合)$=\cdots$ と多くの重複があって，それらは結局 $\{$ 男の全体 $\}=\mathfrak{N}_1$ か $\{$ 女の全体 $\}=\mathfrak{N}_2$ かのどちらかに等しく，けっきょく異なるものは2種類しかないわけである．それゆえ30億ほどある人間の集合 $\mathfrak{M}$ を C-(1)のように和集合で書きあらわした式 $\mathfrak{M}=\mathfrak{N}$(久賀道郎)$\cup\mathfrak{N}$(手塚治虫)$\cup\cdots\cup\mathfrak{N}$(ブリジット・バルドウ)$\cup\mathfrak{N}$(吉永小百合)$\cup\cdots$（全部で30億の $\mathfrak{N}(x)$ の和）にはまったくたくさんのムダがあるわけで，これを簡約して $\mathfrak{N}(x)$ を用いた最も簡単な和集合による $\mathfrak{M}$ の表現をつくるためには，男の集合の中から誰か1人を男の代表として選び出し，また女の代表を1人選び出して，た

とえば

$$\mathfrak{M} = \mathfrak{N}(\text{久賀道郎}) \cup \mathfrak{N}(\text{シャーリー・マックレーン})$$

とすればよいのである.

さて一般に，集合 $\mathfrak{M}$ の同値関係 $\sim$ を用いて $\mathfrak{M}$ を

$$\mathfrak{M} = \bigcup_x \mathfrak{N}(x)$$

と類別したとき，ここにあらわれる相異なる小部屋たちの全体がつくる集合を考えよう．この集合を

$$\mathfrak{M}/\sim$$

と書いて $\mathfrak{M}$ の $\sim$ による商空間または類別空間という.（$\mathfrak{M}/\sim$ の構成要素はそれ自身集合 $\mathfrak{N}(x)$ である．つまり $\mathfrak{M}/\sim$ は集合の集合である.）

例 9　例によって $\mathfrak{M}$ は人間の全体，$\sim$ は同性であるという関係とすれば，$\mathfrak{M}/\sim$ はたった 2 個の要素 $\mathfrak{N}_1$，$\mathfrak{N}_2$ からなる有限集合 $\{\mathfrak{N}_1, \mathfrak{N}_2\}$ である.

例 10　$\mathfrak{L}$ を直線の全体がつくる集合，同値関係 $/\!/$——つまり平行性——によって $\mathfrak{L}$ を類別する．各類は互いに平行な直線の集まりである．各類を“方向”とよぶ．類別空間 $\mathfrak{L}/\!/\!/$ は { 方向の全体がつくる集合 } である.

$\mathfrak{M}$ の要素 x に対し x を含む類 $\mathfrak{N}(x)$ を対応させる写像

$$x \longmapsto \mathfrak{N}(x)$$

は明らかに $\mathfrak{M}$ から $\mathfrak{M}/\sim$ の上への写像（surjections：全射）である．これを $\mathfrak{M}$ から $\mathfrak{M}/\sim$ への**自然写像**という．すなわち自然写像を ν と書くならば

$$\mathfrak{M} \ni x \iff \nu(x) = \mathfrak{N}.$$

（講師の独白：不徹底ながら同値関係の話はこれで切り上げよう．類別の条件，C-(2)を$\alpha \neq \beta$ならば$\mathfrak{N}_\alpha \cap \mathfrak{N}_\beta = \varnothing$とせず，$\mathfrak{N}_\alpha \neq \mathfrak{N}_\beta$ならば$\mathfrak{N}_\alpha \cap \mathfrak{N}_\beta = \varnothing$とした微妙な点を学生は理解したであろうか !?）

問題2.1　fを集合$\mathfrak{M}$から集合$\mathfrak{N}$への写像とする．$f(x) = f(y)$のとき$x \sim y$と書けば，$\sim$は$\mathfrak{M}$の1つの同値関係である．すべての同値関係は必ず何かある写像fを用いて，このように定義されるものと一致することを示せ．

（解）$\mathfrak{N} = \mathfrak{M}/\sim$，$f = \nu$（自然写像）とすればよい．

第3週　自由群の話

$2n+1$ 個の "文字"：

$$E; A_1, A_2, A_3, \cdots, A_n,$$
$$A_1^{-1}, A_2^{-1}, A_3^{-1}, \cdots, A_n^{-1}$$

を用意する．これらの文字を，任意にならべたものを "単語" という．たとえば

$$A_5A_3A_1^{-1}A_{100}A_{29}EA_{29}^{-1}EA_{91}A_{91} \quad (\text{長さ } 10)$$

や

$$A_4A_2^{-1}A_2A_2A_2A_1^{-1}A_1^{-1}EEEA_{101} \quad (\text{長さ } 11)$$

や

$$A_1A_2^{-1} \quad (\text{長さ } 2)$$

や，また最も短い単語の例として

$$A_1^{-1} \quad (\text{長さ } 1)$$

や

$$E \quad (\text{長さ } 1)$$

なども単語の例である．単語において，その単語を構成している文字の数（同じ文字 A_i が m 回あらわれたら m 個に数えて）をその単語の長さという．単語の全体がつくる集合を $\mathfrak{M}$ と書こう．これは無限集合である．

（注意）　いうまでもないことだが，２つの単語において，その構成文字が同じでも，排列が異なるときは，異なる単語と見るのである．たとえば

$$A_1 A_3^{-1} A_5 E A_2 A_6 E A_5 A_2$$

と

$$A_5 A_5 A_2 A_6 E A_3^{-1} E A_1 A_2$$

は同じ文字を同じ回数だけ用いているが，排列が異なるのでこれらは違う単語である．

$\mathfrak{M}$ の要素，すなわち単語を文字 $W, W_1, W_2, \cdots$ などであらわす．単語はそれ自身，文字の排列であるが，その排列したものを１つのものと見て，１つの文字であらわすのである．こういうことは数学ではよくあることである．たとえば，複素数 $x+yi$ は２つの実数 x, y を与えねば定まらぬが，それを１つの文字 z などであらわすことはよくあることである．またベクトル $(x_1, x_2, \cdots, x_n)$ もしばしば１つの文字 $\boldsymbol{x}$ などであらわされる．

２つの単語，たとえば

$$A_1 A_3^{-1} A_5 E A_4 A_2^{-1} \quad と \quad A_3 A_1 A_7^{-1} E A_2$$

とが与えられたとき，これを並べて書けば

$$A_1 A_3^{-1} A_5 E A_4 A_2^{-1} A_3 A_1 A_7^{-1} E A_2$$

という１つの長い単語ができる．この長い単語を $A_1 A_3^{-1} A_5 E A_4 A_2^{-1}$ と $A_3 A_1 A_7^{-1} E A_2$ との積または連接という．

一般に２つの単語 W_1，W_2 の積（連接）とは W_1 のあとに W_2 を引きつづいて並置して作った単語のことであ

る.

W_1, W_2 の連接を $W_1 \cdot W_2$ と書くことにする.

(注意) $W_1 \cdot W_2$ と $W_2 \cdot W_1$ とは一致するとは限らない. たとえば

$$W_1 = A_1 A_3^{-1} A_5 E A_4 A_2^{-1} \quad W_2 = A_3 A_1 A_7^{-1} E A_2$$

のとき

$$W_1 \cdot W_2 = A_1 A_3^{-1} A_5 E A_4 A_2^{-1} A_3 A_1 A_7^{-1} E A_2,$$

$$W_2 \cdot W_1 = A_3 A_1 A_7^{-1} E A_2 A_1 A_3^{-1} A_5 E A_4 A_2^{-1}.$$

これらはごらんのように異なる:すなわち $W_1 \cdot W_2 \neq W_2 \cdot W_1$.

公式 3.1 $(W_1 \cdot W_2) \cdot W_3 = W_1 \cdot (W_2 \cdot W_3)$

が成立するのはいうまでもない. 以下これを $W_1 \cdot W_2 \cdot W_3$ とカッコ抜きであらわす. これは3単語 W_1, W_2, W_3 を順次に並置したものに外ならぬ. 同様に $W_1 \cdot W_2 \cdot W_3 \cdot W_4 \cdot \cdots \cdot W_n$ は n 個の単語 $W_1, W_2, \cdots, W_n$ の並置である.

$\mathfrak{M}$ の要素, すなわち単語につぎのような操作を行なうことを考えよう.

(I) 単語の文字の排列の中に $A_i A_i^{-1}$ の形の部分があったら, その2字を消して文字 E をおきかえる. これを第I種の操作という. すなわち

$$\underbrace{*\,*\,*\cdots*}\quad A_i A_i^{-1} \quad \underbrace{*\,*\cdots*}$$
$$\| \qquad\qquad \Downarrow \qquad\qquad \| \qquad \text{(第I種の操作)}$$
$$\overbrace{*\,*\,*\cdots*}\quad E \quad \overbrace{*\,*\cdots*}$$

（Ⅱ）　同様に $A_i^{-1}A_i$ の形の部分があったら，それを消して，文字 E でおきかえる．これを第Ⅱ種の操作といおう．すなわち

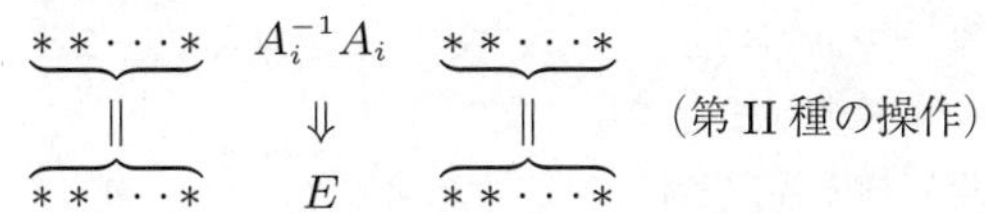

（Ⅲ）　第Ⅰ種の操作の逆である．すなわち文字 E を $A_iA_i^{-1}$ でおきかえる．i は 1 から n までの何でもよい．これを第Ⅲ種の操作といおう．

$$\begin{array}{ccc} \underbrace{**\cdots*} & E & \underbrace{**\cdots*} \\ \| & \Downarrow & \| \\ \overbrace{**\cdots*} & A_iA_i^{-1} & \overbrace{**\cdots*} \end{array} \quad (\text{第 III 種の操作})$$

（Ⅳ）　同様に第Ⅱ種の操作の逆を第Ⅳ種の操作という．すなわち，E を $A_i^{-1}A_i$ でおきかえることである．

$$\begin{array}{ccc} \underbrace{**\cdots*} & E & \underbrace{**\cdots*} \\ \| & \Downarrow & \| \\ \overbrace{**\cdots*} & A_i^{-1}A_i & \overbrace{**\cdots*} \end{array} \quad (\text{第 IV 種の操作})$$

（Ⅴ）　単語の長さが 2 以上であり，それが文字 E を含んでいれば，その E を消しさる．これを第Ⅴ種の操作といおう．

$$\begin{array}{ccc} \underbrace{**\cdots*} & E & \underbrace{**\cdots*} \\ \| & \Downarrow & \| \\ \overbrace{**\cdots*} & & \overbrace{**\cdots*} \end{array} \quad (\text{第 V 種の操作})$$

（注意）　文字 E を消しされば，当然そこに 1 文字分のブランクができる．いうまでもないが，左右から文字をつ

めよせてそのブランクをつめ，全体をひとつながりの単語とするのである．

（VI） 第V種の操作の逆である．単語の文字の排列は任意の個所で断ち切り，そこに文字 E を挿入すること．または，単語の前または後に文字 E を添えること．この操作を第VI種の操作といおう．たとえば

$$
\begin{array}{ccc}
 & A_6A_1A_3^{-1}A_5EA_8^{-1} \Rightarrow A_6A_1A_3^{-1}A_5EA_8^{-1}E & \\
 & \Downarrow \quad \Big\Downarrow \quad \Downarrow & \\
EA_6A_1A_3^{-1}A_5EA_8^{-1} & & A_6A_1A_3^{-1}EA_5EA_8^{-1} \\
 & A_6A_1A_3^{-1}A_5EEA_8^{-1} &
\end{array}
$$

単語にこれらの6種操作をつぎつぎに（有限回）ほどこすことを，単語の基本的変形といおう．そして単語 W_1 が基本的変形をうけて単語 W_2 に変形したとき，W_1 と W_2 とは同値であるといって $W_1 \sim W_2$ と書くことにしよう．たとえば，

$$
\begin{array}{l}
A_{10}A_3^{-1}EA_3A_2^{-1} \Rightarrow A_{10}A_3^{-1}A_3A_2^{-1} \Rightarrow A_{10}EA_2^{-1} \\
\quad\Downarrow \qquad\qquad\qquad\qquad\qquad\qquad\qquad \Downarrow \\
A_{10}A_3^{-1}A_1^{-1}A_1A_3A_2^{-1} \qquad\qquad\qquad A_{10}A_2^{-1} \\
\quad\Downarrow \\
A_{10}EA_3^{-1}A_1^{-1}A_1A_3A_2^{-1} \Rightarrow A_{10}A_5A_5^{-1}A_3^{-1}A_1^{-1}A_1A_3A_2^{-1} \\
\qquad\qquad\qquad\qquad\qquad\qquad\qquad \Downarrow \\
\qquad\qquad\qquad\qquad EA_{10}A_5A_5^{-1}A_3^{-1}A_1^{-1}A_1A_3A_2^{-1}
\end{array}
$$

であるから

$$
A_{10}A_3^{-1}EA_3A_2^{-1} \sim A_{10}A_2^{-1}.
$$

また

$$
A_{10}A_3^{-1}EA_3A_2^{-1} \sim EA_{10}A_5A_5^{-1}A_3^{-1}A_1^{-1}A_1A_3A_2^{-1}
$$

である．明らかに

命題 3.1　～は同値関係である．すなわち

（イ）　$W_1 \sim W_1$.

（ロ）　$W_1 \sim W_2$　ならば　$W_2 \sim W_1$.

（ハ）　$W_1 \sim W_2$，$W_2 \sim W_3$　ならば　$W_1 \sim W_3$.

また，明らかに

命題 3.2

（ニ）　$\left.\begin{array}{l} W_1 \sim W_2 \\ W_3 \sim W_4 \end{array}\right\}$ ならば　$W_1 \cdot W_3 \sim W_2 \cdot W_4$

が成り立つ．証明の必要もあるまい．

例　$W_1 = A_{10}A_3^{-1}EA_3A_2^{-1}$，　$W_2 = A_{10}A_2^{-1}$

$W_3 = A_2A_5EA_5^{-1}A_6^{-1}$，　$W_4 = A_2A_6^{-1}$

のとき $W_1 \sim W_2$，$W_3 \sim W_4$ であり，

$$W_1 \cdot W_3$$
$$= A_{10}A_3^{-1}EA_3A_2^{-1}A_2A_5EA_5^{-1}A_6^{-1} \sim A_{10}A_2^{-1}A_2A_6^{-1}$$
$$= W_2 \cdot W_4$$

である．

単語 W において，その構成文字の A を A^{-1} でおきかえ，A^{-1} を A でおきかえ，文字 E はそのままとし，かつ排列の順を前後逆順にしたものを W^{-1} と書く．たとえば

$$W = A_1A_5^{-1}A_3A_4^{-1}A_2EA_5A_3^{-1}E$$

のとき，

$$\Downarrow \left(\left. \begin{matrix} A \Longrightarrow A^{-1} \\ A^{-1} \Longrightarrow A \\ E \Longrightarrow E \end{matrix} \right\} \text{とすると} \right)$$

$$A_1^{-1} A_5 A_3^{-1} A_4 A_2^{-1} E A_5^{-1} A_3 E$$

$\Downarrow$ (かつ前後入れかえると W^{-1}ができる.)

$$E A_3 A_5^{-1} E A_2^{-1} A_4 A_3^{-1} A_5 A_1^{-1} = W^{-1}$$

いうまでもなく

> 命題 3.3 $(W^{-1})^{-1} = W.$

また

> 命題 3.4 $W_1 \sim W_2$ なら $W_1^{-1} \sim W_2^{-1}.$

これも証明の必要もあるまい. また

> 命題 3.5 $W \cdot W^{-1} \sim W^{-1} \cdot W \sim E.$
> E は文字 E のみよりなる長さ 1 の単語である.

たとえば, $W = A_1 A_5^{-1} A_3 A_4^{-1} A_2 E A_5 A_3^{-1} E$ のとき

$$W^{-1} = E A_3 A_5^{-1} E A_2^{-1} A_4 A_3^{-1} A_5 A_1^{-1},$$

ゆえに

$$\begin{aligned} & W \cdot W^{-1} \\ &= A_1 A_5^{-1} A_3 A_4^{-1} A_2 E A_5 A_3^{-1} E E A_3 A_5^{-1} E A_2^{-1} A_4 A_3^{-1} A_5 A_1^{-1} \\ &\sim A_1 A_5^{-1} A_3 A_4^{-1} A_2 A_5 A_3^{-1} A_3 A_5^{-1} A_2^{-1} A_4 A_3^{-1} A_5 A_1^{-1} \\ &\sim A_1 A_5^{-1} A_3 A_4^{-1} A_2 A_5 E A_5^{-1} A_2^{-1} A_4 A_3^{-1} A_5 A_1^{-1} \\ &\sim A_1 A_5^{-1} A_3 A_4^{-1} A_2 A_5 A_5^{-1} A_2^{-1} A_4 A_3^{-1} A_5 A_1^{-1} \end{aligned}$$

$$
\begin{aligned}
&\sim A_1A_5^{-1}A_3A_4^{-1}A_2EA_2^{-1}A_4A_3^{-1}A_5A_1^{-1}\\
&\sim A_1A_5^{-1}A_3A_4^{-1}A_2A_2^{-1}A_4A_3^{-1}A_5A_1^{-1}\\
&\sim A_1A_5^{-1}A_3A_4^{-1}A_4A_3^{-1}A_5A_1^{-1}\\
&\sim A_1A_5^{-1}A_3A_3^{-1}A_5A_1^{-1}\\
&\sim A_1A_5^{-1}A_5A_1^{-1}\\
&\sim A_1A_1^{-1}\\
&\sim E.
\end{aligned}
$$

同様に $W^{-1}\cdot W\sim E$. 一般にも同様である.　Q. E. D.

$\mathfrak{M}$ をこの同値類 $\sim$ で分類してできる分類空間 $\mathfrak{M}/\sim$ を F と書こう：

$$F=\mathfrak{M}/\sim.$$

F の要素を $w, w_1, w_2, \cdots$ などの文字であらわす. これらは単語の $\sim$ による同値類である.

F の 2 要素 w_1, w_2 を考える. 類 w_1 に入っている単語 W_1 を任意にとりだす. また w_2 に入っている単語 W_2 をとりだす. 連接 $W_1\cdot W_2$ を考えよう. $W_1\cdot W_2$ の属する同値類を w と書く.

以上の手続きを表に書くと：

$$
\left.\begin{array}{ll}
w_1\ni W_1 & (\text{任意にとりだす})\\
w_2\ni W_2 & (\text{任意にとりだす})
\end{array}\right\}\to W_1\cdot W_2\ \text{をつくる}
$$

$$\to W_1\cdot W_2\ \text{の類}=w$$

である. w_1 も w_2 も無限に単語を含んでいる. ここで, この手続きにおいて, w_1 からとりだす W_1 を他の W_1' にとりかえ, w_2 からとりだす W_2 を他の W_2' にとりかえてみる：

$$\left.\begin{array}{l} w_1 \ni W_1' \\ w_2 \ni W_2' \end{array}\right\} \to W_1' \cdot W_2' \text{をつくる}.$$

$$\to W_1' \cdot W_2' \text{の類を } w' \text{ と書く}.$$

このようにしてできた類 w' はじつは，先の w と変わらない．なぜなら W_1 も W_1' も同じ w_1 の要素であるゆえに $W_1 \sim W_1'$．同様に $W_2 \sim W_2'$，ゆえに命題 3.2 によって $W_1 \cdot W_2 \sim W_1' \cdot W_2'$，ゆえに $W_1 \cdot W_2$ と $W_1' \cdot W_2'$ とは同じ類に属する．すなわち $w = w'$.　　　　Q. E. D.

それゆえ w_1 から“代表者” W_1 として何をえらんでも，また w_2 の“代表者” W_2 として何をえらんでも $W_1 \cdot W_2$ の属する類 w はみな同一である．すなわち，類 w は w_1 と w_2 とによってのみ定まり“代表者” W_1, W_2 のとりだし方によらない．この w を w_1 と w_2 の積または連接といい，

$$w_1 \cdot w_2$$

とあらわすことにする．

かくして集合 F の要素の間の積

$$\left.\begin{array}{l} F \ni w_1 \\ F \ni w_2 \end{array}\right\} \longrightarrow w_1 \cdot w_2 \in F$$

が定義できた．

また文字 E のみからなる長さ 1 の単語 E を含む類を e と書く．$A_1 \cdot A_1^{-1} \sim E$ だから，

$$e \ni E, e \ni A_i A_i^{-1}, e \ni A_i^{-1} A_i, e \ni A_i E A_i^{-1} E, e \ni EE,$$
etc.

また類 w に対し，w から代表者 W をとり W^{-1} をつくる．W^{-1} を含む類を w^{-1} と書くと，これは代表者 W のとりだし方によらず，w のみにより定まる．（命題3.4による．）

定理 3.1　$F \ni w_1, w_2, w_3, w$ のとき
(1)　$(w_1 \cdot w_2) \cdot w_3 = w_1 \cdot (w_2 \cdot w_3)$,
(2)　$w \cdot e = e \cdot w = w$,
(3)　$w \cdot w^{-1} = w^{-1} \cdot w = e$
が成り立つ．

証明は皆さんにまかせる．
群の定理を知っている方のためには，この定理を

定理 3.2　F は連接によって群になる．
単位元は e，w の逆元は前記 w^{-1} である．

とまとめておいた方がよいだろう．
今日までに，しかるべき教科書で群の定義を自習しておくことを，先々週に指示しておいた．皆さんは，その自習をされたであろうか？　以下には群論の言葉を用いることにする．

さて，そのようなわけで F は群になるわけだが，こ

の群を $\boldsymbol{A}_1, \boldsymbol{A}_2, \cdots, \boldsymbol{A}_n$ から生成された自由群という．そして，$A_1, A_2, \cdots, A_n$ を F の生成元という．自由群 F が $\boldsymbol{A}_1, \boldsymbol{A}_2, \cdots, \boldsymbol{A}_n$ から生成されたものであることを明記したいときは，F のことを $F(A_1, A_2, \cdots, A_n)$ と書くことにしよう．

F の中には文字 A_i だけよりなる長さ1の単語 A_i を含む類がある．その類のことも同じ文字 A_i であらわすことにする．

最後に1つの定理をのべておく．

定理3.3　G を任意の群，$a_1, a_2, \cdots, a_n$ を G の任意の要素とする．そのとき自由群 $F = F(A_1, A_2, \cdots, A_n)$ から G の中への準同型写像 φ であって，

$$\varphi(A_1) = a_1,\ \varphi(A_2) = a_2,\ \cdots,\ \varphi(A_n) = a_n$$

を成り立たせるものがただ1つ存在する．

証明は読者にまかせる．（ヒント）：たとえば単語 $A_3A_5^{-1}A_6EA_7^{-1}$ を含む類には，$a_3a_5^{-1}a_6a_7^{-1}$ を対応させる．このようにして定まる対応を φ とおけばよい．

エイヤーッとひっぱってみる

第4週　面の基本群のこと

今日の話で舞台となるのは平面上の**領域**である．領域というのは，ここでは平面上のいくつかの閉曲線で囲まれた平面の部分であると定義しておこう．たとえば図4.1で，3つの閉曲線 C_1, C_2, C_3 で囲まれた部分 D（図の白ヌキの部分）は領域である．この講義では領域のことを**陸地**といい，その領域の外の部分（図4.1では斜線の部分）を**海**または**湖**または**池**などとよぶことにする．

つぎに今日の話で主役をつとめるのは**曲線**である．ただし，この講義で扱う曲線は必ず始点と終点という**両端**をもち，しかもそれは始点から終点に向かう**向き**をもっているものと約束する．たとえば図4.3の曲線 C は円に外側

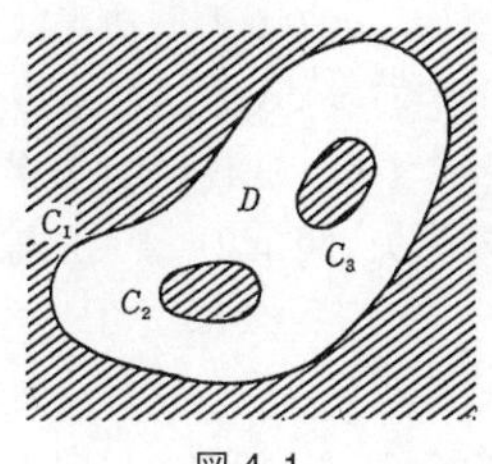

図4.1

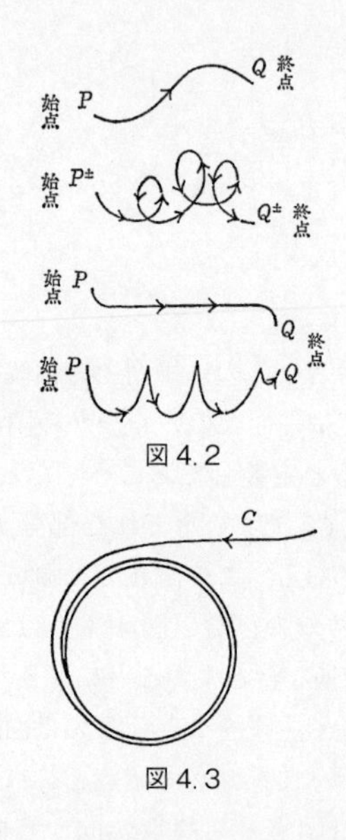

図 4.2

図 4.3

から無限に巻きついていく曲線であるが，この C には終点がないから，この講義においてはかかる C は曲線の仲間に入れてやらない．そのかわり曲線は自分自身と交わっていても，カドがあっても，全然曲らずにまっすぐであってもよいことにする．（曲線の曲の字にとらわれないことにするのである．）（図 4.2）また曲線の始点と終点とは必ずしも異なっている必要はなく，一致していてもよいものとする．始点と終点の一致した曲線を閉曲線という（図 4.4）．またここでは曲線とは向きが付随したもの

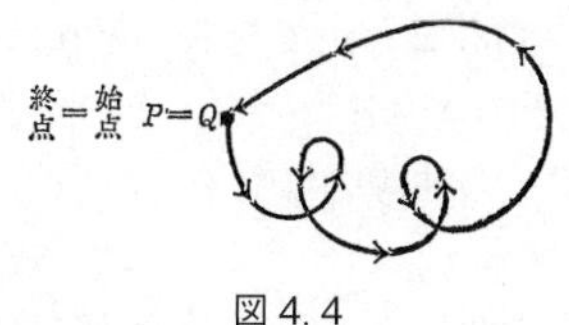

図 4.4

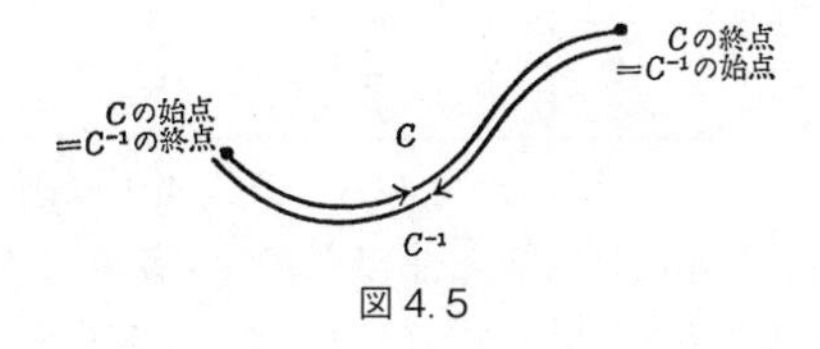

図 4.5

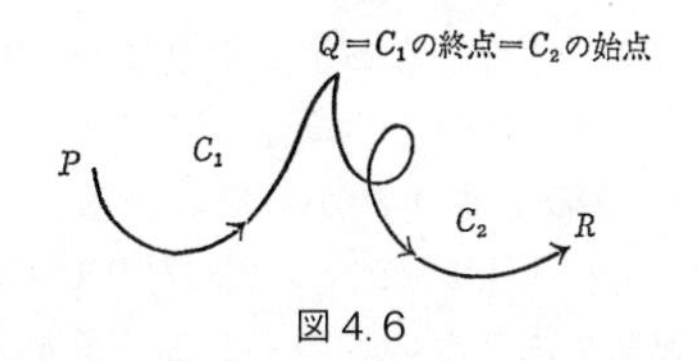

図 4.6

をいうのであるから，曲線 C において，その向きを逆向きに入れかえたものは C とは異なった曲線であるとみなさねばならない．その曲線を C^{-1} と書くことにする（図 4.5）．C の始点 $=C^{-1}$ の終点，C の終点 $=C^{-1}$ の始点，であることはいうまでもない．

曲線 C_1 の終点が，曲線 C_2 の始点と一致しているときには，われわれは C_1 と C_2 とを連接することによって，第3の曲線をつくることができる．それはいうまでもなく，まずC_1をその向きにたどり，そのつぎにC_2をたどる曲線である．その曲線のことを，C_1, C_2の連接または結合といって，$C_1 \cdot C_2$と書くことにする．曲線C_1の終点がC_2の始点に等しく，C_2の終点がC_3の始点に等しいとき，

公式 4.1 $\quad (C_1 \cdot C_2) \cdot C_3 = C_1 \cdot (C_2 \cdot C_3)$

が成り立つことは明らかである．公式4.1は両辺とも，C_1, C_2, C_3を順次にたどる曲線を表わすからである．以後これを（カッコを用いず）$C_1 \cdot C_2 \cdot C_3$と書く．

さて領域（すなわち陸地）Dのどんな2点P, Qを選んでも，Pを始点，Qを終点とする曲線をDの中にえがくことができるとき，領域Dは連結であるという．すなわち陸地Dの任意の1地点Pから他の任意の1地点Qまで人が歩いて（泳いだり，ジャンプしたりせずに）行けるとき，Dは連結であるというのである（図4.7）．以下この講義では連結な領域だけを考察の対象とする．

図4.7　連結でない領域

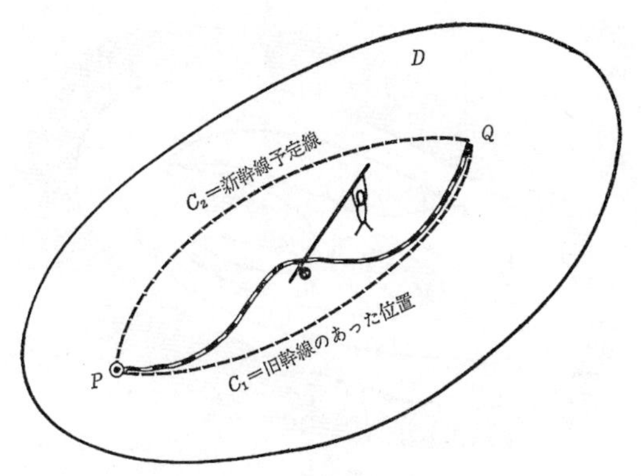

図4.8　ただいま幹線連続変形中

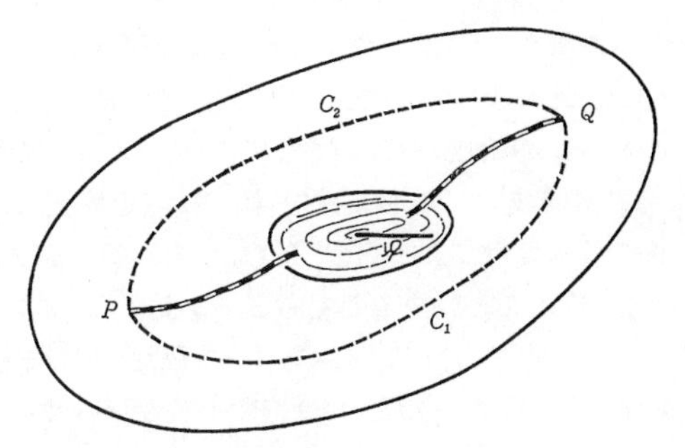

図4.9　あいだに池があったら連続変形できぬ

さて，これからの考察の対象にするのは，1つの連結な領域 D と，その中に横たわる曲線たちである．D 内にある曲線の全体がつくる集合を $W(D)$ と書こう．そして

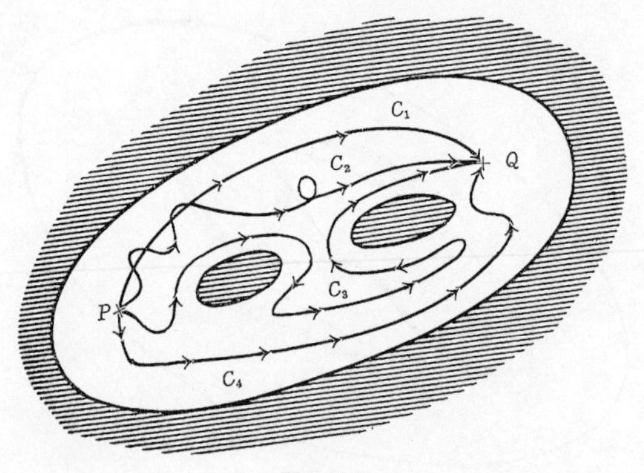

図 4. 10

それらの曲線たちのあいだの1つの同値関係 $\sim$ をつぎのように定義しよう．すなわち D 内の2曲線 C_1, C_2 に対し，(1) C_1 の始点 $= C_2$ の始点であり，(2) C_1 の終点 $= C_2$ の終点であり，さらに (3) 始，終点を固定したまま D 内の連続変形によって C_1 を C_2 に変形できるときに $C_1 \sim C_2$ と書くことにするのである．つまり C_1 をゴムヒモでつくっておいてその始終点をピンで陸地 D に固定し，ヒモを伸ばしたりちぢめたり D 内で連続変形させることにより，ついに C_2 に重ねることができるとき $C_1 \sim C_2$ と書くのである．ただしゴムヒモは変形の途中でもつねに D 内に横たわっているようにしなければならない．つまりヒモを湖の水でぬらしてはいけないのである．この関係 $\sim$ が同値関係であることは明らかだろう．

このようにして集合 $W(D)$ における同値関係 $\sim$ が定義できた．数学者は $C_1 \sim C_2$ であるとき，C_1 と C_2 は互いに homotope であるという．図 4.10 においては，C_1, C_2, C_3 は互いに homotope，C_1, C_4 はそうでない．

次週にはこの概念を用いて homotopy group を定義する．

第5週　基本群のこと

われわれは**領域**内の**曲線**たちについて考察していた．領域とはいくつかの閉曲線で囲まれた平面の部分のことであった．（たとえば図5.1の白ヌキの部分．）この講義では領域のことを**陸地**ともよぶことにし，その領域外の平面の部分（図5.1では斜線の部分）を**海**とか**湖**とかよぶことにしたのだった．また領域 D 内に曲線を考えるとき，われわれはいつも始点と終点と向きをもった曲線のみを考えることと約束したのだった．なお，この講義では領域というときは連結な領域（つまり領域内の任意の2点が領域内に横たわる曲線で結びつけられるような領域）のみを考えることと約束したのだった（図5.2）．さらに領域 D 内に

図5.1

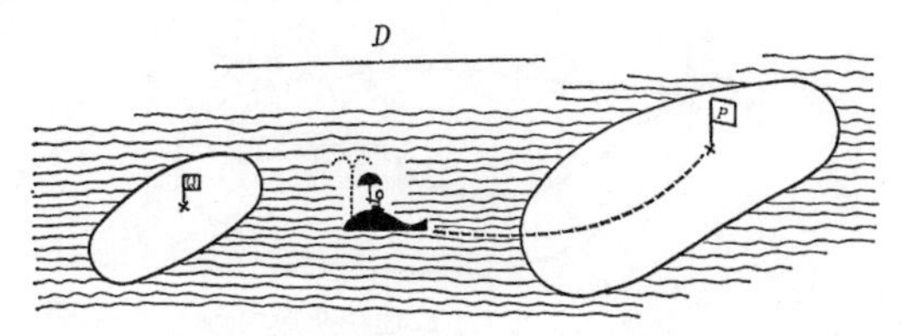

図5.2　連結できない領域 D；2つ以上の島からなる国

ある2つの曲線 C_1, C_2 に関して，もしもそれらがつぎの3条件：

> H-1　C_1 の始点 $= C_2$ の始点．
> H-2　C_1 の終点 $= C_2$ の終点．
> H-3　C_1 を始点，終点を固定したまま D 内で連続変形させて曲線 C_2 にすることができる．

これらの3条件をみたすとき，C_1 と C_2 は（D 内で）互いに homotope であるといい，$C_1 \sim C_2$ とあらわすことにしたのだった（図5.3, 4, 5）．以上が先週の講義の復習である．

この homotope という同値関係につぎの命題が成り立つことは明らかである．

> **命題5.1**　$C_1 \sim C_2$, $C_3 \sim C_4$, C_1 の終点 $= C_3$ の始点であれば　$C_1 \cdot C_3 \sim C_2 \cdot C_4$．

記号 $C_1 \cdot C_3$ はまず C_1 をたどり，つづけて C_3 をたどってできる連接曲線をあらわすのであった．この命題の証

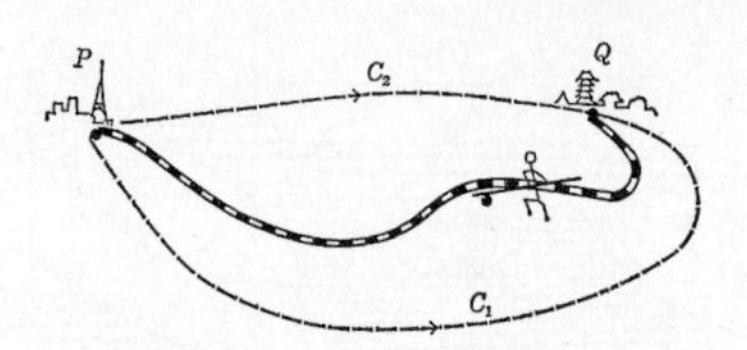

図5.3　C_1 を C_2 に連続変形する

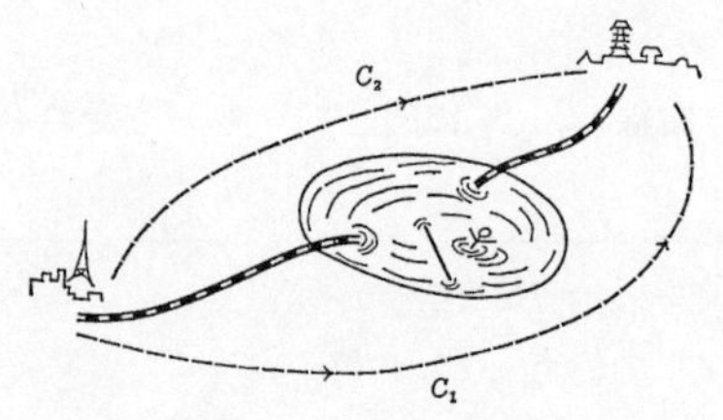

図5.4　あいだに湖があると連続変形できない　$C_1 \not\sim C_2$

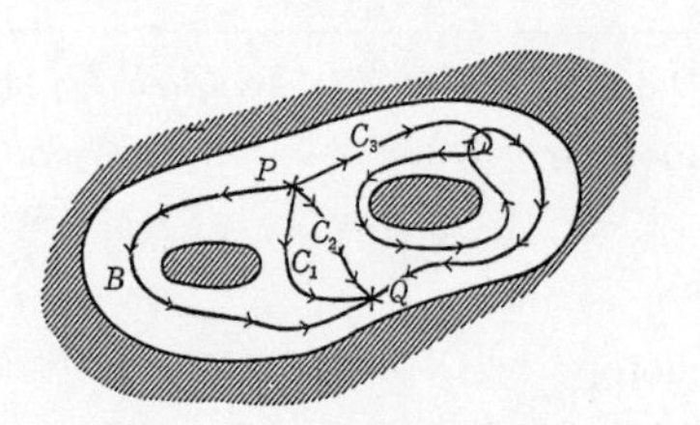

図5.5　$C_1 \sim C_2 \sim C_3 \not\sim B$

明は図5.6を見ながら自分でやってください.

また, つぎの命題も明らかである.

> **命題5.2**　$C_1 \sim C_2$ ならば $C_2^{-1} \sim C_1^{-1}$ である.

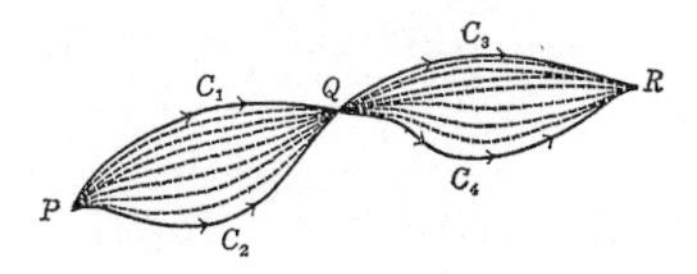

図5.6　$C_1 \sim C_2, C_3 \sim C_4$ ならば $C_1 \cdot C_3 \sim C_2 \cdot C_4$

記号 C^{-1} は曲線 C を逆向きにたどってえられる曲線をあらわすのであった.

さて，連結な領域 D と D 内の1点 O を固定し，O を始点かつ終点とするような D 内の閉曲線の全体がつくる集合を $W(D;O)$ と書くことにしよう（図5.7）.

$W(D;O)$ に属する2曲線 C_1, C_2 をとり連接 $C_1 \cdot C_2$ をつくってみると，それは基点 O から出発し，まず C_1 をたどっていったん基点 O にたちよってからさらに C_2 をたどって基点 O に戻る曲線である．とにかくそれは O か

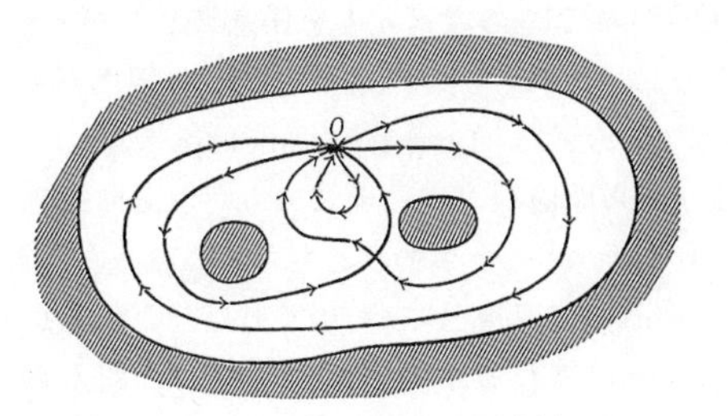

図5.7　$W(D;O)$ に属する閉曲線たち

ら出て O にもどる閉曲線だから，それは $W(D;O)$ に属する．つまり

> **補題 5.1**　$W(D;O) \ni C_1, C_2$　ならば
> $C_1 \cdot C_2 \in W(D;O)$

である．さらに $W(D;O)$ に属する C_1, C_2, C_3 につき

> **公式 5.1**　$(C_1 \cdot C_2) \cdot C_3 = C_1 \cdot (C_2 \cdot C_3)$

であることは明らかである．（第 4 週公式 4.1 参照.）

そこで，集合 $W(D;O)$ を前述の homotope という同値関係 $\sim$ で類別して得られる類別空間（商空間）$W(D;O)/\sim$ を考えよう．これを $\pi_1(D;O)$ と書くことにする．つまり $\pi_1(D;O) = W(D;O)/\sim$ は点 O から出発して O に終わる D 内の閉曲線たちの $\sim$ 同値類を要素とする集合である．以下このような $\sim$ 同値類のことを homotopy class という．閉曲線 C に対して，C を含む homotopy class を (C) とあらわすことにしよう．

$\pi_1(D;O)$ の 2 つの要素 a, b を任意にとりだそう．これらは定義により，O を始終点とする閉曲線たちの集まり（くわしくいえば $\sim$ 同値類 =homotopy class）である．集まり a から閉曲線 A を，集まり b から閉曲線 B を 1 つずつとりだそう．（そうするともちろん $a = (A), b = (B)$ である.）そこで連接 $A \cdot B$ をつくれば，これも点 O から出発して O に終わる閉曲線 $(\in W(D;O))$ だから，$A \cdot B$ を含む類 $(A \cdot B) \in \pi_1(D;O)$ が 1 つ定まる．その類を c

と書こう：$c=(A\cdot B)$. そうすると，このcは2つの類a,bを定めれば，それだけでcもきっちり定まってしまい，cはa,bからとりだした“代表者”A,Bの選びとり方には無関係であることが，つぎのようにして確かめられる．実際，類aから他の閉曲線A'を，bからB'を選びだして，連接$A'\cdot B'$をつくったとしても，$A\sim A', B\sim B'$であるから命題5.1により$A'\cdot B'\sim A\cdot B$となる．つまり$A'\cdot B'$も$A\cdot B$も同じ homotopy class cに属するのである．

$$(A'\cdot B')=(A\cdot B)=c \qquad \text{Q. E. D.}$$

それゆえこのようにしてつくられた homotopy class cはa,bを定めさえすれば定まってしまうから，以後これを$a\cdot b$と書いて，homotopy classes a,bの連接とよぶことにしよう：つまり

$$(A\cdot B)=a\cdot b$$

このようにして任意の2つの homotopy classes a,bから第3の homotopy class $a\cdot b$をつくりだす操作

$$\text{連接}：a,b\longmapsto a\cdot b$$

が定まった．憶えやすいように，一度上にのべた操作を整理して表示すると：

$$\left.\begin{array}{l}\pi_1(D;O)\ni a\longmapsto A(\in a)\ \text{をとりだす}\\ \pi_1(D;O)\ni b\longmapsto B(\in b)\ \text{をとりだす}\end{array}\right\}$$

$$\to A\cdot B\to(A\cdot B)=a\cdot b\in\pi_1(D;O)$$

このとき任意の$a,b,c\in\pi_1(D;O)$に対し

> 命題 5.3　$(a\cdot b)\cdot c = a\cdot(b\cdot c)$

が成り立つのは明らかである.

さて, O を始終点とする閉曲線であって, 連続変形(もちろん始終点は固定したままの)によって 1 点 O に収縮可能であるような閉曲線を zero-homotope な曲線という. (図 5.8, 9 参照.) zero-homotope な閉曲線 I の全体を 1 で表わそう. これは 1 つの homotopy class である.

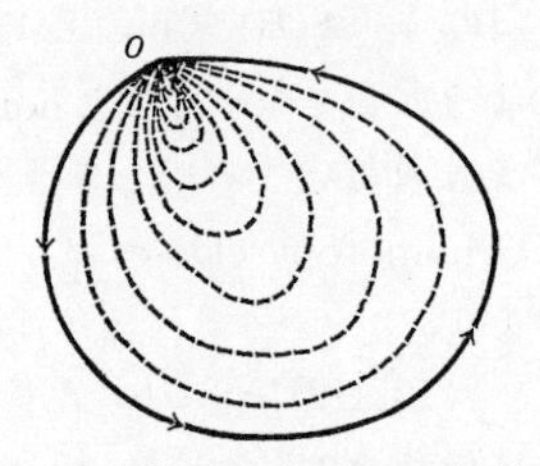

図 5.8　zero-homotope とは 1 点の O に収縮できるということ

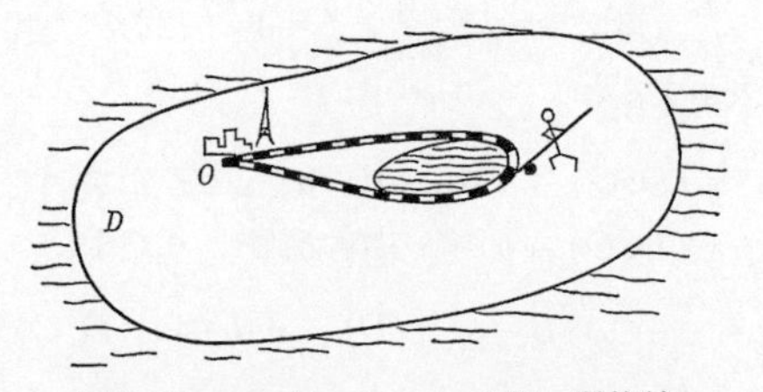

図 5.9　zero-homotope でない環状線

そうして明らかにすべての $a \in \pi_1(D;O)$ に対し

> **命題 5.4**　$a \cdot 1 = 1 \cdot a = a$

が成り立つ．

また，homotopy class a に対し，その逆類というものをつぎのように定義する：それは a から閉曲線 A を取りだし，それを逆にたどる曲線 A^{-1} を含む homotopy class のことである．a の逆類を a^{-1} と書く．これは homotopy class a を定めれば，それだけで定まり，代表者 A の取りだし方には依存しない類である．そのことの証明は読者にまかせる．（命題 5.2 により自明．）

このとき，明らかにすべての $a \in \pi_1(D;O)$ に対し

> **命題 5.5**　$a \cdot a^{-1} = a^{-1} \cdot a = 1$

が成り立つ．

証明　$a \ni A$ を取りだす．$a = (A)$，$a^{-1} = (A^{-1})$ である．ゆえに，$a \cdot a^{-1} = (A \cdot A^{-1})$ である．$A \cdot A^{-1}$ は O から出て A をたどっていったん途中で O にたちより，さらに A を逆向きに戻って O に帰る道である（図 5.10）．いまこれを連続変形しよう．われわれの連続変形の仕方は，始終点だけを固定し，その途中の点は自由に動かしてよいのであったから，図 5.11 のように途中で O にたちよるのをちょっとサボって，その直前で引きかえしてしまう道 B は $A \cdot A^{-1}$ に $\sim$ である．同様に図 5.12 の B'，図 5.13 の B'', $\cdots$ もそれぞれ順次に homotope で；つまり

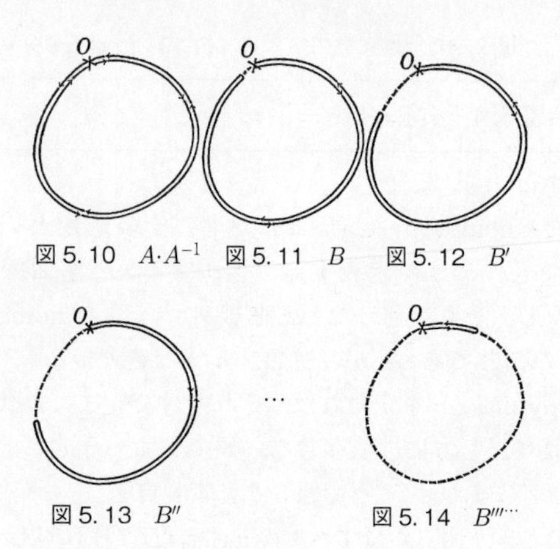

図 5.10　$A{\cdot}A^{-1}$　図 5.11　B　図 5.12　B'

図 5.13　B''　図 5.14　$B'''\cdots$

$$A{\cdot}A^{-1} \sim B \sim B' \sim B'' \sim \cdots$$

であるから，けっきょく $A \cdot A^{-1}$ は 1 点 O に連続収縮されてしまう：$A \cdot A^{-1} \sim I$;　ゆえに $a \cdot a^{-1} = 1$. 同様にして $a^{-1} \cdot a = 1$ も証明される.　　　　Q. E. D.

群の定義を知っている方のためには上述の命題 5. 3, 4, 5 を

> **定理 5. 1**　$\pi_1(D; O)$ は連接 $a, b \longmapsto a \cdot b$ によって群となる.

とまとめておいた方がよいだろう．1 が単位元である.

以下群論の言葉を用いることにする.

さて，$\pi_1(D;O)$ は群であるわけだが，この群を領域 D の O を基点とする，**基本群**（fundamental group）という．（または 1-homotopy group，またはポアンカレ群ということもある．）

基点 O をとりかえると，基本群 $\pi_1(D;O)$ はどう変わるであろうか？ これについてはつぎの定理がある．

> **定理 5.2**　D を連結な領域，O, O' を D の 2 点とするとき，$\pi_1(D;O)$ と $\pi_1(D;O')$ は同型である．

証明は読者にまかせる．O と O' を結ぶ曲線を 1 つえがいてそれを A と書き，$\pi_1(D;O)$ の要素 (C) に対して $(A^{-1}\cdot C\cdot A)\in\pi_1(D;O')$ を対応させてやる対応が $\pi_1(D;O)$ と $\pi_1(D;O')$ の同型対応になるのである．（図 5.15 参照．）

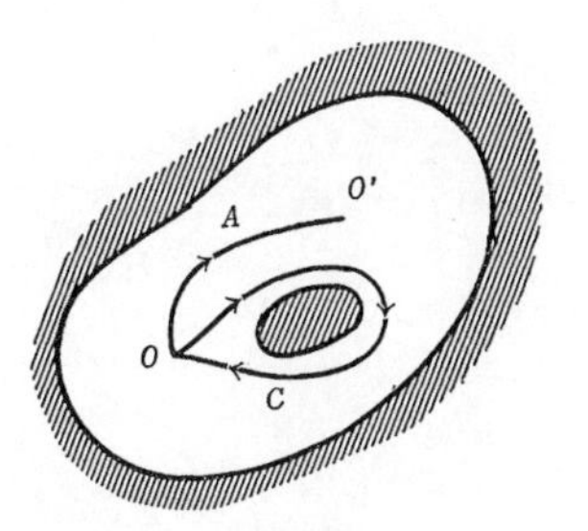

図 5.15

それゆえ，抽象群としての構造だけを問題にするときには，$\pi_1(D;O)$ を $\pi_1(D)$ と書くこともある．

ついでながら，$\pi_1(D) = \{1\} =$ 単位元だけからなる群であるとき，D を単連結な領域であるという．このことは D 内に書いた任意の閉曲線が 1 点に連続収縮できるということである．

第6週　基本群の例

例1　領域 D が全平面から1点 P_0 を取り除いたものである場合を考える（図6.1）．海はなく1点 P_0 に無限に小さな湖があるだけなのである．いかに小さくても湖は湖であるから，規約にしたがい，P_0 をまたぎ越してゴムでできたレールを移動することは禁じられているのである．そのことが考えにくければ，点 P_0 に天までとどくクイが打ってあると考えたらよい（図6.2）．

基点 O から出て，クイ P_0 のまわりを（上から見て）正の向きに1回転して O に戻る閉曲線を1つとり，そ

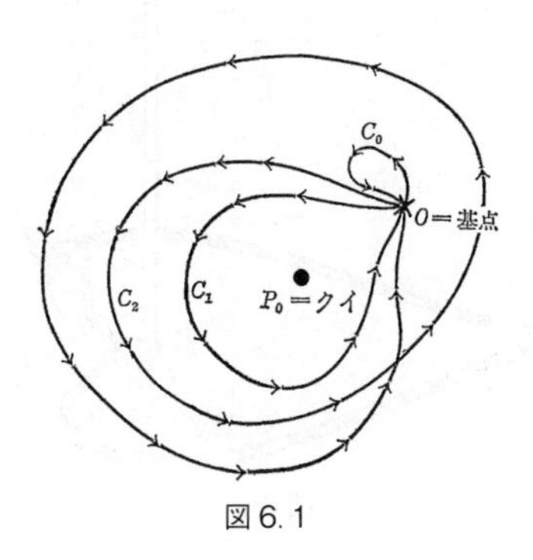

図6.1

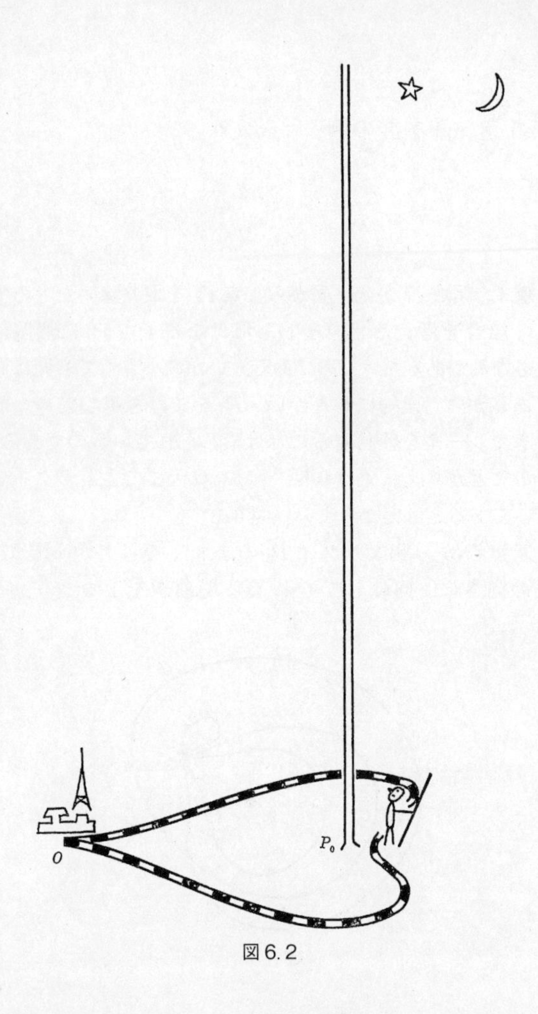

図6.2

れを C_1 と書く．またクイ P_0 のまわりを正の向きに2回転する曲線を1つとり，それを C_2 と書く．一般にクイ P_0 のまわりを正の向きに n 回転する閉曲線 C_n を用意する．$(n=1,2,3,\cdots.)$ 負の整数 $-n$ に対しても，P_0 のまわりを負の向きに n 回転する曲線 C_{-n} を用意する．また zero-homotope な閉曲線 C_0 を1つとる．そうしたとき，直観的には明らかにみとめられるのだが，C_1 と C_0 とは $\sim$ でない．C_2 と C_1 とも C_2 と C_0 とも $\sim$ でない．ウソだと思ったらクイのまわりにヒモを2回まきつけ，その両端をもって手もとにエイヤッとひっぱってみたまえ．それがハラリと手もとに手繰りよせられれば $C_2\sim C_0$ であるが，そうはならない．

一般に $n\neq m$ なら $C_n\nsim C_m$．それゆえ $c_n=(C_n)$ とおくと，$c_0=1, c_1, c_2, \cdots; c_{-1}, c_{-2}, \cdots$ が $\pi_1(D;O)$ の異なる元であるが，さらに $\pi_1(D;O)$ の要素はこれらの c_n $(n=0,\ \pm1, \cdots)$ 以外には存在しないことも証明される：

$$\pi_1(D;O)=\{c_0, c_1, c_2, \cdots; c_{-1}, c_{-2}, \cdots\}$$

これらの事実は直観的には非常に確からしく思われるが，厳密な証明はやさしくない．（厳密な証明は省略する．）さらに $C_m\cdot C_n=C_{m+n}$ であることも明らかだから，けっきょく $\pi_i(D;O)$ は $\boldsymbol{Z}$（有理整数の加法群）と同型である：

$$\pi_1(\text{全平面}-\{1\text{点}\};O)\cong\boldsymbol{Z}.$$

それゆえ，とくにこれは可換群である．

この同型対応をもっと具体的に書きあらわすにはつぎの

ようにすればよい．その全平面を複素平面 $\boldsymbol{C}$ と思い，点 P_0 に対応する複素数を a とする．そのときわれわれの閉曲線 C は点 P_0 を通らないから，複素積分

$$\int_C \frac{dz}{z-a}$$

は意味がある．（C は rectifiable：長さをもつとした．）そこで

$$n(C) = \frac{1}{2\pi i}\int_C \frac{dz}{z-a}$$

とおけば，$n(C)$ は整数で，$C \sim C'$ なら $n(C)=n(C')$；

そして対応

$$W(D;O) \ni C \longmapsto n(C) = \frac{1}{2\pi i}\int_C \frac{dz}{z-a} \in \boldsymbol{Z}$$

から，上の同型対応 $\pi_1(D;O) \cong \boldsymbol{Z}$ が生ずる．（任意の関数論の教科書参照．）この例はすでに基本群の概念の解析学における有用性を暗示する．

例2　$D=$ 全平面 $-\{P_0, Q_0\}$；つまり2点を取り除いた平面の基本群を考える．この群は可換群であろうか？

答　そうではない．それを見るためクイ P_0 のまわりを正の向きにひとまわりする閉曲線を P；クイ Q_0 のまわりを正の向きにひとまわりする閉曲線を Q と書くとき $P \cdot Q \nsim Q \cdot P$ がわかればよい．それは，また $P \cdot Q \cdot P^{-1} \cdot Q^{-1} \nsim I$ と同値である．これを見るために2本のクイのまわりに $P \cdot Q \cdot P^{-1} \cdot Q^{-1}$ のようにヒモをまわしてその両端を点 O に立った人がもち，エイヤッとひ

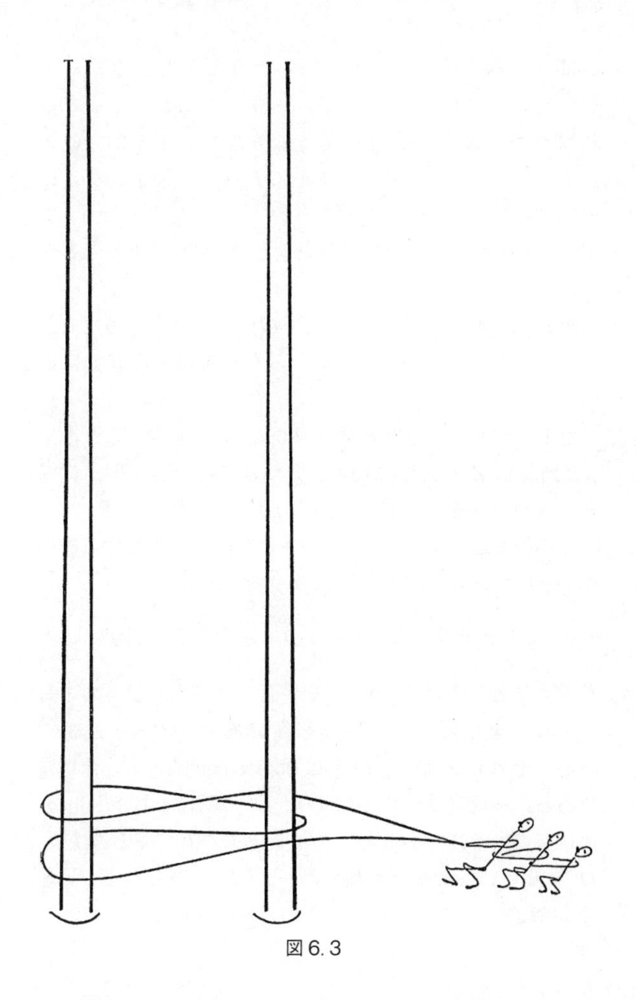

図 6.3

っぱってみればよい．それがハラリと手許に手繰りよせられれば，$P\cdot Q\cdot P^{-1}\cdot Q^{-1}\sim I$ であるが，やってみればわかるようにじつはそうならない（図6.3）．ゆえに $P\cdot Q\cdot P^{-1}\cdot Q^{-1}\nsim I$，ゆえに $P\cdot Q\nsim Q\cdot P$，ゆえに π_1(平面–2点；O) は可換群でない．じつはこれは「2文字から生成された自由群」というものに同型であることがわかっている．

例 n　同様に π_1(平面 $-n$ 点；O)$\cong$「n 文字から生成された自由群」である．$n>1$ ならもちろん可換群ではない．

例 1′　同心円の中間領域（図6.4）の基本群；これも例1と同様に $\boldsymbol{Z}$ と同型になる．じつはこの場合は例1に帰着するのである．いま同心円を D' とし外円の半径 a，内円の半径 b とする．いま D' の点を中心を原点とする極座標 $[r,\theta]$ であらわすことにする．いま対応

$$D'\ni[r,\theta]\overset{\Psi}{\longmapsto}\left[\frac{r-b}{a-r},\theta\right]\in \text{全平面}-\text{原点}$$

を考えると，Ψ は D' から (全平面 − 原点) $=D$ への1対1 onto（全単射）で連続な写像であり，Ψ^{-1} も連続である．それゆえ D' と D とは homeomorphic（位相同型）である．一般に2つの領域 D と D' の間に1対1，onto，連続で逆も連続であるような写像 Ψ が存在するとき D と D' は互いに homeomorphic であるというのである．記号で $D\cong D'$．そして一般につぎの定理が成り立つ．

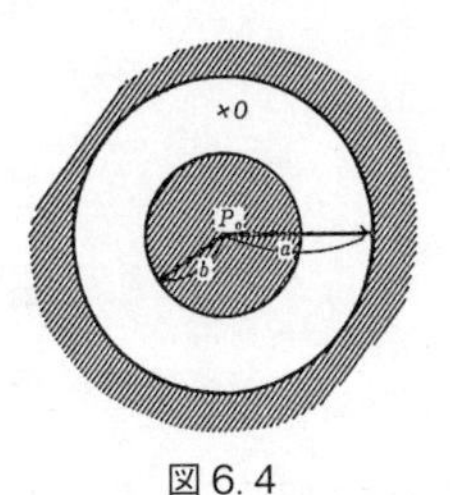

図6.4

> **定理6.1**　D と D' とが homeomorphic なら $\pi_1(D;O)$ と $\pi_1(D';O')$ とは同型である．

ただし O, O' はそれぞれ D, D' 内の2点．

証明はやさしい，読者にまかせよう．D の曲線 C に $\Psi(C)$ を対応させてやればよいのである．

例2′　図5.1の領域 D の基本群，この D は(全平面 $-\{2$ 点$\}$) に homeomorphic である．ゆえに例2に帰着する．

例 n'　$D=n$ 個の湖をもった島であるばあい．この D は(全平面 $-\{n$ 点$\}$) に homeomorphic.

第7週　基本群の例（つづき）

いままでは，**平面内の領域の**（ある基点に関する）基本群を論じていた．しかし，基本群の概念が，**空間内の曲面**に対しても定義できることは，いうまでもない．

例1　図7.1のような閉曲面をトーラス（輪環面）という．ドーナツの表面，またはうきぶくろ，またはタイヤのチューブのゴムの部分（内部の空気の部分は考えずに）が輪環面である．輪環面Tの基本群$\pi_1(T;O)$を考えよう．これは可換群であろうか？　まず図7.1の閉曲線A, Bが属する類$a=(A), b=(B)$が可換であるかどうかをしらべよう．$a\cdot b=b\cdot a$であるか否かを知るには$B^{-1}A^{-1}BA\sim I$であるか否かを調べればよい．実際ドー

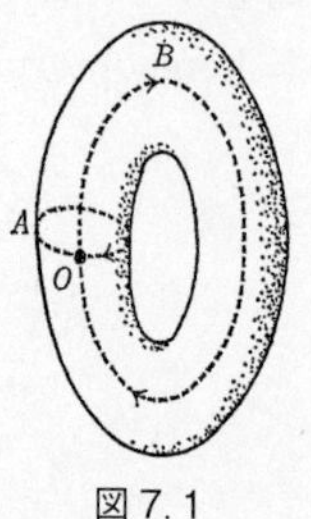

図7.1

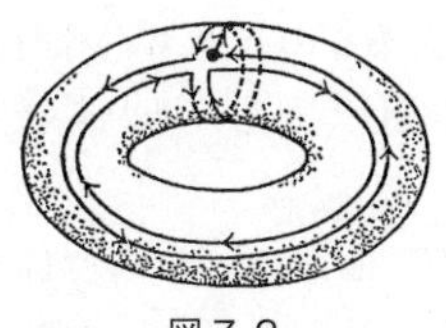

図7.2

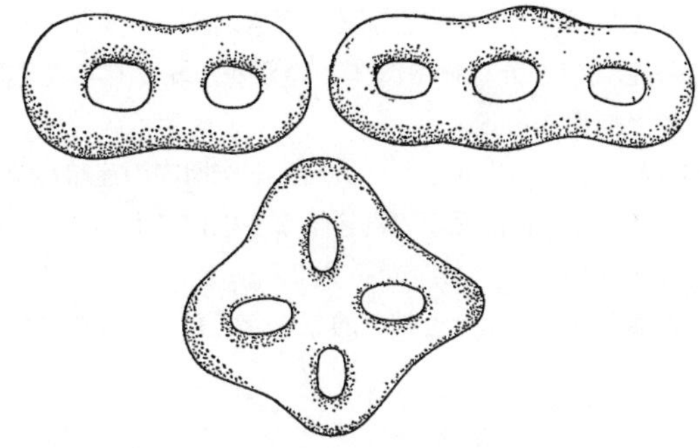

図7.3　2人乗り，3人乗り，4人乗りのうきぶくろ

ナツのまわりに$B^{-1}A^{-1}BA$のようにヒモを巻いてみれば，それはハラリとはずれて，$B^{-1}A^{-1}BA \sim I$であることがわかる．つまり$a \cdot b = b \cdot a$である（図7.2）．じつは$\pi_1(T;O)$は$a^n, b^m\,(n, m = 0, \pm 1, \pm 2, \cdots)$の形の要素の全体でつくされており，したがって$\pi_1(T;O)$は$\boldsymbol{Z} \times \boldsymbol{Z}$と同型であることが証明される．とくに$\pi_1(T;O)$は可換群である．

例2　図7.3のような2人乗りのうきぶくろ，3人乗りのうきぶくろ，4人乗りのうきぶくろなどの形の閉曲面の基本群は少々むずかしくなる．それらはもはや可換群ではない．

また，（2次元の）曲面にばかりではなく，3次元空間内の3次元の領域に対しても，基本群が定義できることもいうまでもない．たとえば，輪環面で囲まれた空間の部分（つまりドーナツの実質部分；うきぶくろ，タイヤチューブの空気の部分）を輪環体というが，輪環体の基本群は，$\boldsymbol{Z}$と同型である．

もっと一般に高次元のユークリッド空間内の連結な領域にも，または（何次元かの）連結な多様体にも，基本群は定義できる．

それればかりか，たとえ抽象的な集合でも，その中に閉曲

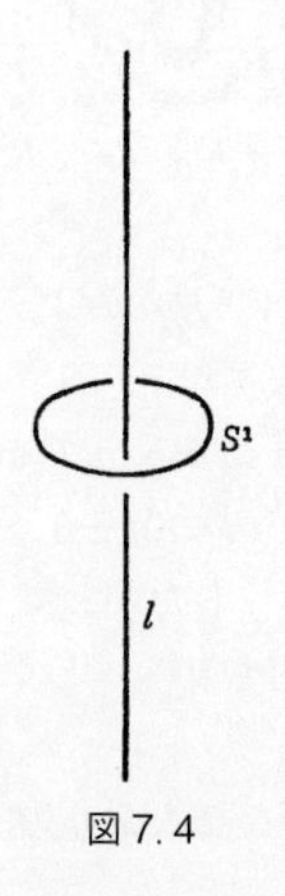

図7.4

線の概念が考えられ，また閉曲線の連続変形の概念が考えられるような（連結な）ものであるならば，その集合には，基本群が定義できるわけである．

問題　3次元 Euclid 空間 E^3 から1個の円周 S^1 および S^1 の中を通る直線 l を取り去った領域 $D = E^3 - \{S^1 \cup l\}$ の基本群を考察せよ（図7.4）．

奥さんがとり替わってもわからない紳士たち

第8週　被　　覆*

まず，例から始めよう．平面上に2点O, O'をとる．a, bを2つの実数，$a>b>0$とする．点O'からの距離$\overline{O'P}$が$b<\overline{O'P}<a$であるような点Pの全体をD'と書く．これはO'を中心とする2円の中間領域である．同様にOを中心とする半径aおよびbの2円の中間領域をDと書く．（図8.1参照．）Oを原点とする極座標系をつくり，D内の点の位置はその極座標によってあらわすことにする．またO'を原点とする極座標系をつくり，D'の点の位置はその極座標であらわすことにする．

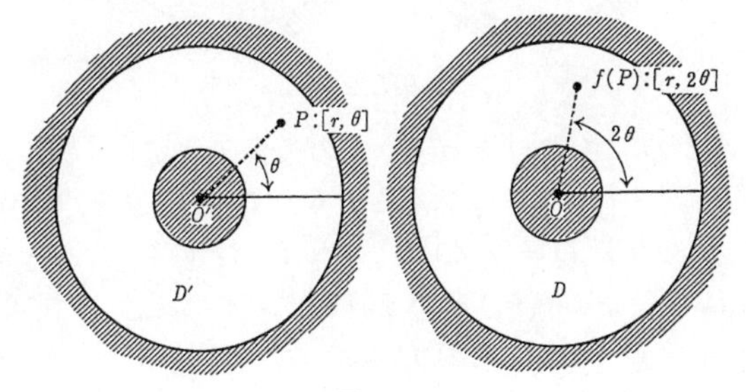

図8.1

* ヒフクと読む．英語では covering.

いま D' の点 $[r,\theta]$ に対して D の点 $[r,2\theta]$ を対応させる写像を考え，それを f と書こう．f は D' から D の上への連続写像である．点 $P=[r,\theta]$ が D' の中を変動するにつれて $f(P)=[r,2\theta]$ は D 内を変動する．点 P が D' の中の，たとえば図 8.2 の左のような図形 F をえがくとき，$f(P)$ は D の中の図 8.2 の右のような図形をえがく．それを $f(F)$ と書く（図 8.2）．点 P が D' の中の曲線にそって O' のまわりを 1 回転するとき，$f(P)$ は D の中を O のまわりを 2 回転する（図 8.2）．

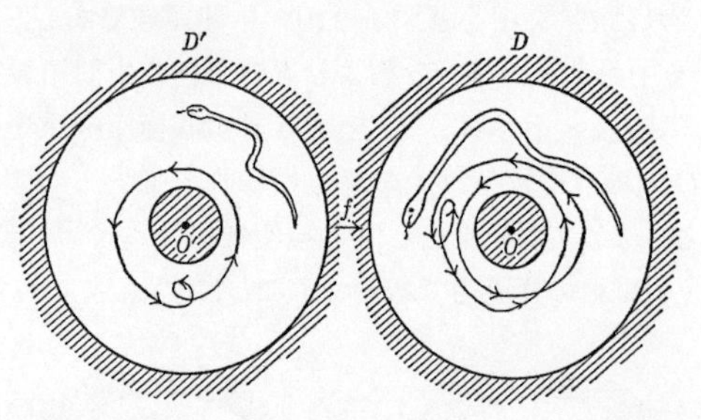

図 8.2

いま D に 1 点 Q をとり，Q の逆像 $f^{-1}(Q)$ を考えよう．つまり $f(P)=Q$ となるような D' の点 P を求めよう．たとえば $Q=[c,40°]$ とすれば，D' の点 $[c,20°]=P_1$ は明らかに $f(P_1)=Q$ を満たすけれども，“方程式” $f(P)=Q$ を満たす点 P は P_1 だけではない．$P_2=[c,200°]$ もまた $f(P_2)=Q$ を満足する．実際 $f([c,200°])=[c,400°-360°]=[c,40°]=Q$.

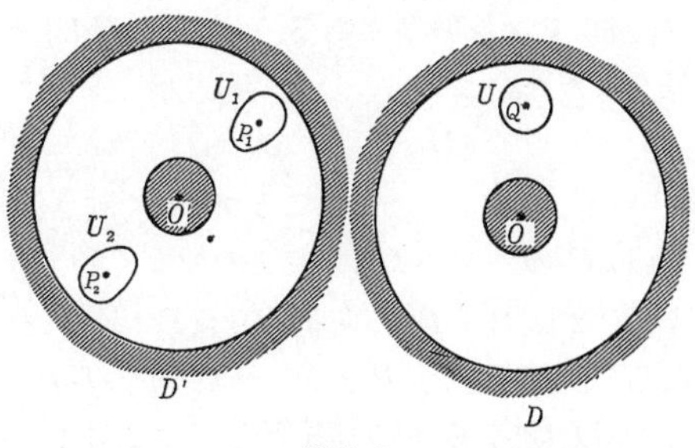

図8.3

しかし，$P_1=[c, 20°], P_2=[c, 200°]$ 以外には“方程式” $f(P)=Q=[c, 40°]$ の“解”は存在しない．つまり $f^{-1}(Q)=\{P_1, P_2\}$．一般に D の点 $Q=[r, \theta]$ に対し $f^{-1}(Q)$ は $P_1=\left[r, \dfrac{\theta}{2}\right]$ と $P_2=\left[r, \dfrac{\theta}{2}+180°\right]$ の2点からなる．f は2対1の写像である．（図8.3参照.）

さらにいま D の点 $Q=[r, \theta]$ のまわりに小さな近傍 U をとり，その逆像 $f^{-1}(U)$ を考えよう．$f^{-1}(U)$ は $f(P) \in U$ となるような D' の点 P の集合であるから，ただちにわかるように，それは点 $P_1=\left[r, \dfrac{\theta}{2}\right]$ のまわりの小近傍 U_1 と，$P_2=\left[r, \dfrac{\theta}{2}+180°\right]$ のまわりの小近傍 U_2 とからなる．（図8.3参照.）

つまり

$$f^{-1}(U)=U_1 \cup U_2.$$

（もしも U が Q を中心とする小円板ならば U_1, U_2 は，そ

れぞれ P_1, P_2 を含む卵型である.）もちろん U_1 と U_2 は共通部分をもたない：

$$U_1 \cap U_2 = \varnothing.$$

また点 P が U_1 の中をいたるところクマなく動きまわるとき，$f(P)$ は U の中をいたるところクマなく動きまわる．そして U_1 の 2 点 $P \neq P'$ の像 $f(P), f(P')$ は U の異なる 2 点である：$P, P' \in U_1, P \neq P' \Rightarrow f(P) \neq f(P')$．つまり写像 f は D' から D への写像としては 2 対 1 の写像であるが，f を U_1 へ制限したもの $f|U_1$ は U_1 から U の上への 1 対 1 の写像となっている．そして $f|U_1 : U_1 \to U$ がさらに U_1 から U への homeomorphism（位相同型写像）であることはいうまでもない.

解説　ある領域 U_1 から領域 U の上への連続写像 ψ が 1 対 1 で逆写像 $\psi^{-1} : U \to U_1$ も連続であるとき ψ は U_1 から U への homeomorphism（位相同型写像）という．上の f は D' から D への写像として大局的には 2 対 1 であるから homeomorphism ではないが，U_1 の上に制限すると 1 対 1 であるから，逆写像 $(f|U_1)^{-1} : U \to U_1$ が考えられ，それも連続であることは明らかだから，$f|U_1$ は homeomorphism である.

上記の例を一般化して，つぎのように "被覆" というものを定義する.

定義　D', D を（平面内の）2 つの連結領域とする．D' から D への写像 f がつぎの 2 個の条件（C-1，C-2）を満足するとき，f は D' から D への**被覆写像**（covering map) であるといい，また D' は f によって D を被覆するという．また D' を D の被覆面という．

(C-1)：f は D' から D の上への連続写像である．

(C-2)：D の任意の点 Q に対し $f^{-1}(Q)$ は D' の中の有限個ないし可算個の点集合 $\{P_1, P_2, \cdots\}$ である：$f^{-1}(Q) = \{P_1, P_2, \cdots\}$．そして Q のまわりに十分小さい連結な小近傍 U をとると，$f^{-1}(U)$ は P_1 のまわりの連結小近傍 U_1，P_2 のまわりの連結小近傍 U_2，P_3 のまわりの連結小近傍 $U_3, \cdots$ などの和集合にわかれ，

$$f^{-1}(U) = U_1 \cup U_2 \cup U_3 \cup U_4 \cup \cdots = \bigcup_i U_i.$$

これら小近傍 $\{U_i\}$ は互いに共通部分をもたない：(つまり $i \neq j$ ならば $U_i \cap U_j = \varnothing$.) そしてさらに任意の i に対し f を U_i に制限した写像 $f\,|\,U_i$ は U_i から U の上への homeomorphism である．

もう一度いうならば，Q の近傍 U を十分小さくとってやることにより $f^{-1}(U)$ が上記のような性質をもつ $U_1, U_2, U_3, U_4, \cdots$ の和にわかれるようにできるというのが条件（C-2）の後半である．

そして D の各点 Q に対して，このような U がとれるような，onto 連続写像を被覆写像というのである．

例 1 D を半径 1 cm 長さ 10 cm の直円柱の側面，D' を x-y 平面内の幅 10 cm の帯状領域：$D' = \{(x, y) \mid 0 < y < 10\}$ とする（図 8.4）．また D の母線を 1 本えらび，それを l と書く．いま D' から D への写像 f をつぎのよ

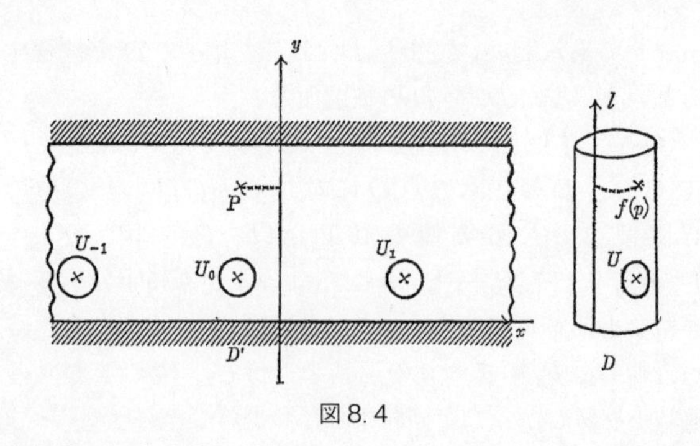

図 8.4

うに定めよう．まず D の母線 l を D' の y 軸に重ね，つぎにその円柱を帯の上をゴロゴロゴーところがす．x 軸の正の方へも負の方へもころがすものとする．そのとき D' の任意の1点 P にインクをポツンとつけておけば，それは円柱の側面 D の1点にシミを染ますであろう．D' の点 P にそのシミの位置 Q を対応させる写像 $P \longmapsto Q$ を f と書くと，f は D' から D への被覆写像となる．

例2　図8.5のような平面上の領域 D を用意する．そして図8.5のように海と1つの湖とを結ぶ破線を1本書

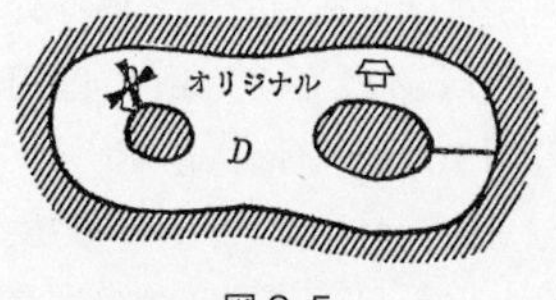

図 8.5

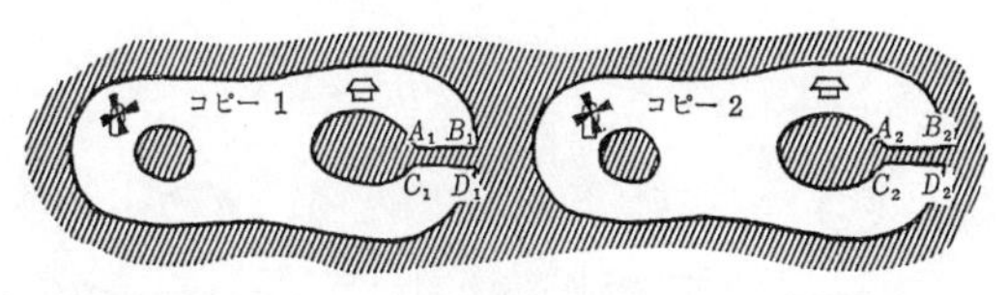

図8.6

いておく．透明なゴムでできた板を2枚用意する．さてつぎの段階をふんだ工作をしていただきたい．[1] まずゴム板を D の上に重ねて D の形をゴム板にトレースし，[2] そのとおりにゴム板を切り抜く．[1′] もう1枚のゴム板も D に重ねてトレースし，[2′] それを切り抜く．このようにしてできた2枚のゴム板を D のコピー1，コピー2とよぼう．コピー1，2の上には上記の点線もやはり写しておくことにする．第 [3] 段階としてコピー1，2の点線にそって鋏を入れて切り開く．切口としてできた線分を図8.6のように $\overline{A_1B_1}, \overline{C_1D_1}; \overline{A_2B_2}, \overline{C_2D_2}$ とする．[4] コピー1を D と平行の位置におき，コピー2を180° 回転した位置におき，力を込めて，切り開いた切口を押し広げる（図8.7）．[5] そして押し拡げた切口 $\overline{A_1B_1}$ と $\overline{C_2D_2}$ とを癒着させ，$\overline{C_1D_1}$ と $\overline{A_2B_2}$ を癒着させると，1つの連結なゴム板 D' ができる．（図8.8参照.）

D' からオリジナル D への写像 f はつぎのようにしてつくればよい．すなわち D' の任意の点 P に対して，[1] または [1′] の段階で P が重なっていた D の点 Q を考えよう．P にそのようにしてきまる Q を対応させる写像

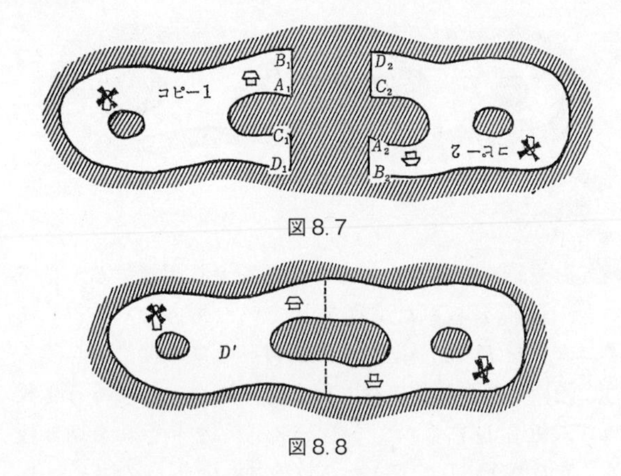

図 8.7

図 8.8

$P \longmapsto Q$ を f と書けば，f は D' から D への被覆写像である．

いま［1］［1′］のトレースの段階で，D にあるものはすべて細大もらさずトレースしてしまうことにしよう．つまり D の点 Q に家があれば D' の 2 点 P_1, P_2 にそれぞれ家があり，D に 1 つの風車がまわっていれば D' には 2 軒の風車が風にまわっているわけである．D の家 Q に紳士 G が住んでいれば，D' の家 P_1, P_2 にそれぞれ 1 人ずつ紳士 G_1, G_2 が住んでいるわけである．G_1, G_2 を G のカゲとよぼう．G 氏が家 Q を出てそのまわりをブラブラ散歩すれば，G_1 氏も家 P_1 のまわりをブラブラ散歩しなければならない．G_2 氏は家 P_2 のまわりを散歩しなければならない．G 氏が家を出て，湖のまわりをひとまわり

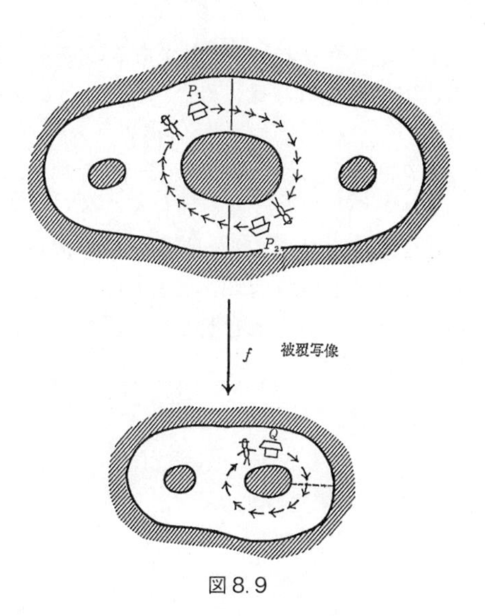

図 8.9

して帰ってくる図 8.9 のような遠足をしたとしよう．それにつれて G_1 氏は家 P_1 を出て湖のほとりを歩かねばならないが，たどりついた家は P_2 になってしまう．それと同じにカゲ G_2 氏も家 P_2 を出て湖のほとりを歩き家 P_1 にたどりついている．しかし，P_1, P_2 にそれぞれ待っている奥さんはまったく同一の顔かたちをしているから，G_1, G_2 氏はちがった家に帰りついたことに気づかない．奥さんの方もちがった亭主が帰ってきたことに気づかない．かくしてこのカゲの世界もすべてが矛盾なくできている．この世界の一危機は G_1 氏が G_2 氏と出合う瞬間であろう．果たしてそのようなことがあるのであろうか？　じつは G_1 氏は絶対に G_2 氏に出合わないことが証明される（後出）．

以上のヨタ話は，読者を事物の同一性についての深いそしてアホらしい，反省に導くであろうか？　または，equivalent にすぎぬもの（同値関係を満たすもの）を同一視してしまう（identify する）ことができる数学者の勇気についての？　しかし私は哲学（？）を好まない．数学の話をすすめよう．

第9週　被覆面と基本群

$D' \xrightarrow{f} D$ を被覆とする．f は連続写像だから点 P が D' の中のある図形 F の上を連続的に変動するとき，$f(P)=Q$ は D の中を連続的に変動する．そのとき Q のえがく D 内の図形を $f(F)$ と書こう．とくに P が D' の中の曲線 C をえがいて変動するとき $f(P)=Q$ の軌跡 $f(C)$ も D の中の曲線である．また C が閉曲線ならば $f(C)$ も閉曲線である．公式

$$f(C_1 \cdot C_2) = f(C_1) \cdot f(C_2) \tag{1}$$

が成立することはいうまでもない．

D' の中の2曲線 A, B が homotope であれば $f(A)$ と $f(B)$ が D の中で homotope であることもすぐわかる．（図9.1参照．）

$$A \sim B \Rightarrow f(A) \sim f(B) \tag{2}$$

いま D' の1点 O' を定め，$f(O')=O$ と書き，$\pi_1(D'; O')$ と $\pi_1(D; O)$ とを考察しよう．$\pi_1(D'; O')$ の任意の要素 a に対し，$a=(A)$ となる閉曲線 A をとり $f(A)$ をつくれば，$f(A)$ は O から出て O に戻る閉曲線だから $f(A)$ を含む homotopy class α（$\alpha \in \pi_1(D; O)$）が定まる．この α は D' の homotopy class a（$a \in \pi_1(D'; O')$）

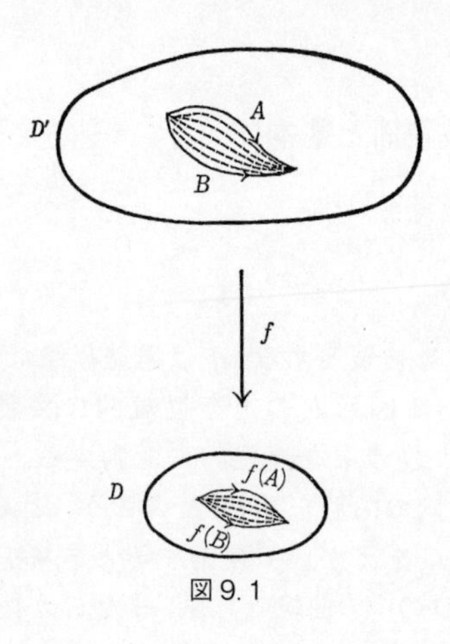

図 9.1

だけで定まり，a の“代表者”A の選びだし方に依存しないことが上述の (2) によって明らかだから，この α を $f_*(a)$ と書くことにしよう．$\pi_1(D';O')$ の任意の要素 a に対し，このようにして生ずる $\pi_1(D;O)$ の要素 $f_*(a)$ を対応させる写像 $a \longmapsto f_*(a)$ を f_* と書こう．上述の (1) によって f_* は群 $\pi_1(D';O')$ から $\pi_1(D;O)$ の中への homomorphism（準同型写像）である．ゆえに f_* の像 $f_*(\pi_1(D';O'))$ は $\pi_1(D;O)$ の部分群である．かくして，

定理 9.1　D の被覆 $D' \xrightarrow{f} D$ は $\pi_1(D;O)$ の部分群 $f_*(\pi_1(D';O'))$ を定める．逆に $\pi_1(D;O)$ の任意の部分群 Γ に対し $\Gamma = f_*(\pi_1(D';O'))$ となるような D

の被覆 $D' \xrightarrow{f} D$ が存在する．

この定理の後半の証明は来週にのばす．またじつは f_* がさらに injection（単射）であることも来週わかる．それゆえ，部分群 $f_*(\pi_1(D';O'))$ は $\pi_1(D';O')$ に同型になるのである．

第10週　被覆面と基本群（つづき）

$D' \xrightarrow{f} D$ が，領域 D の被覆であるとは，どういうことであったかというと，つぎのようなことであった：

①　f は領域 D' から D の上への連続写像であり，

②　D の任意の点 Q に対して，$f^{-1}(Q)$ は D' 内の有限個ないし可算個の点集合 $\{P_1, P_2, P_3, \cdots\}$ となり，さらに Q のまわりに十分小さい近傍 U をとれば，$f^{-1}(U)$ は $P_1, P_2, \cdots$ の各々のまわりのつぎの性質をもつような小近傍 V_i（$i=1, 2, \cdots$）の和に分裂する．（つまりそのように U を定めることができる．）

（1）　$f^{-1}(U) = V_1 \cup V_2 \cup V_3 \cup \cdots, \quad V_i \ni P_i.$

（2）　$V_i \cap V_j = \varnothing \quad (i \neq j).$

（3）　f を V_i に制限して得られる写像 $f|V_i : V_i \longrightarrow U$ は V_i から U への homeomorphism である．つまり $f|V_i$ は injective でかつ surjective，$(f|V_i)^{-1}$ も連続となる（図 10.1）．

このようになっているとき $D' \xrightarrow{f} D$ は被覆だというのであった．

以下点 Q のまわりのこのような性質をもつ近傍 U を Q のまわりのコピアブルな近傍といい，$V_1, V_2, \cdots$ のおのお

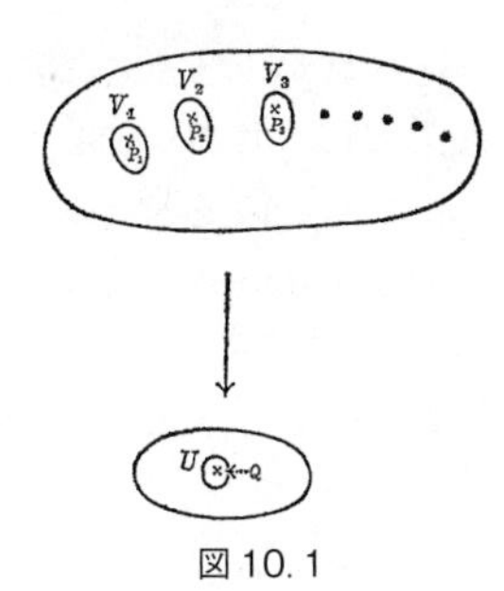

図 10.1

のをそれぞれ $P_1, P_2, \cdots$ のまわりの U のコピーという．

$D' \xrightarrow{f} D$ が D の被覆であるとき，D' の中の曲線 C' に対し $f(C')$ は D 内の曲線となる．$C = f(C')$ を C' のオッコトシ・トレースとよぼう．またはこのとき，C' は C を覆っているなどともいう（図 10.2）．

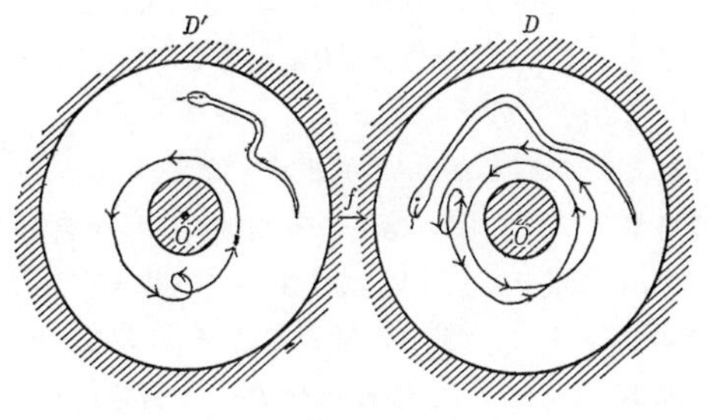

図 10.2

逆に D 内の曲線 C に対して D' 内の曲線をつぎのように作成する．C の始点を Q とし，$f^{-1}(Q) = \{P_1, P_2, \cdots\}$

の中の1点を1つ選びだす．たとえば P_3 を選んだとしよう．［i］Q のまわりのコピアブルな閉近傍 U をとり，P_3 のまわりの U のコピー V_3 を考えよう．f の V_3 への制限 $f \mid V_3$ は $V_3 \to U$ の homeomorphism だから，逆写像 $(f \mid V_3)^{-1}$ は U を V_3 へ連続に写す．それゆえ U 内にある曲線 C の切片 $C \cap U$（$= C_0$ とおく）は $(f \mid V_3)^{-1}$ により V_3 の中の曲線 $C'_{3,0}$ に写る．$C'_{3,0}$ の始点はもちろん P_3 である．$C'_{3,0}$ の終点を $P_{3,1}$ とし $f(P_{3,1}) = Q_1$ とすれば Q_1 は $C \cap U = C_0$ の終点となる（図 10. 3-1）．$C'_{3,0}$ のオッコトシ・トレース $f(C'_{3,0})$ が C_0 であることはいうまでもない．［ii］つぎに Q_1 のまわりのコピアブルな近傍 U_1 をとり $P_{3,1}$ のまわりの U_1 のコピー $V_{3,1}$ をとる．$(f \mid V_{3,1})^{-1}$ により U_1 に含まれる C の切片 $C \cap U_1 = C_1$ を $V_{3,1}$ の中へ写す．それは $C'_{3,0}$（の一部）と重なり $C'_{3,0}$ をさらに少々延長する曲線である（図 10. 3-2）．それを $C'_{3,1}$ と書く．$C'_{3,1}$ の終点を $P_{3,2}$ と書き $f(P_{3,2}) = Q_2$ と書く．$C'_{3,0} \cup C'_{3,1}$ のオッコトシ・トレース $f(C'_{3,0} \cup C'_{3,1})$ が $C_0 \cup C_1$ であることはいうまでもない．［iii］Q_2 のまわりにコピアブルな閉近傍 U_2 をとり，$P_{3,2}$ を含む U_2 のコピー $V_{3,2}$ をとり，$(f \mid V_{3,2})^{-1}$ により $C_2 = (C \cap U_2)$ を $V_{3,2}$ の中に写すと，$C'_{3,1}$ の延長をつくる曲線 $C'_{3,2}$ ができる（図 10. 3-3）．$C'_{3,2}$ の終点を $P_{3,3}$ と書き，$f(P_{3,3}) = Q_3$ をとる．Q_3 は $C_2 = C \cap U_2$ の終点である．$C'_{3,0} \cup C'_{3,1} \cup C'_{3,2}$ のオッコトシ・トレースが $C_0 \cup C_1 \cup C_2 =$（C の Q と Q_3 との間の部分）であることはいうまでもも

ない（図 10. 3-3）．［iv］Q_3 のまわりにコピアブルな閉近傍 U_3 をとり，$P_{3,3}$ を含む U_3 のコピーを $V_{3,3}$ と書く．$(f \mid V_{3,3})^{-1}$ による $C_3 = (C \cap U_3)$ の像を $C'_{3,3}$ と書く．それは $C'_{3,2}$ を延長している．$C'_{3,3}$ の終点を $P_{3,4}$ と書き，$f(P_{3,4}) = Q_4$ とおく．Q_4 は C_3 の終点である．$C'_{3,0} \cup C'_{3,1} \cup C'_{3,2} \cup C'_{3,3}$ が C の Q と Q_4 との間の部分を覆っていることはいうまでもない（図 10. 3-4）．

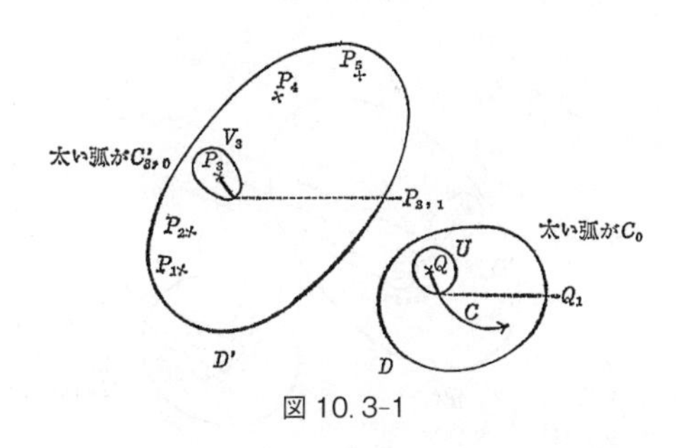

図 10. 3-1

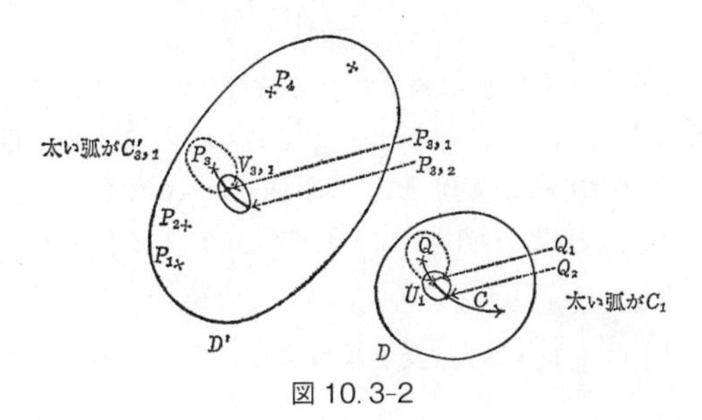

図 10. 3-2

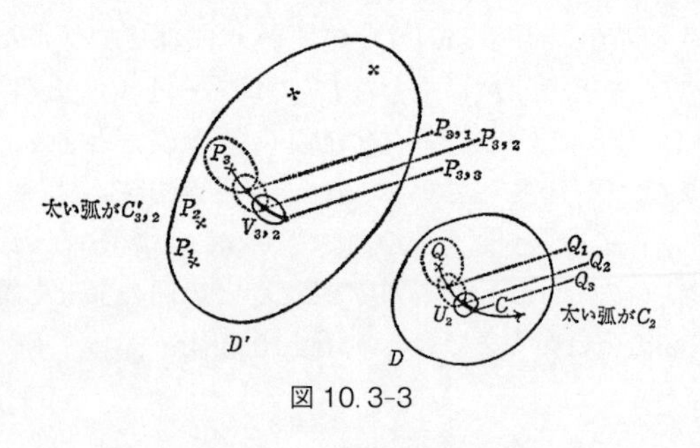

図 10.3-3

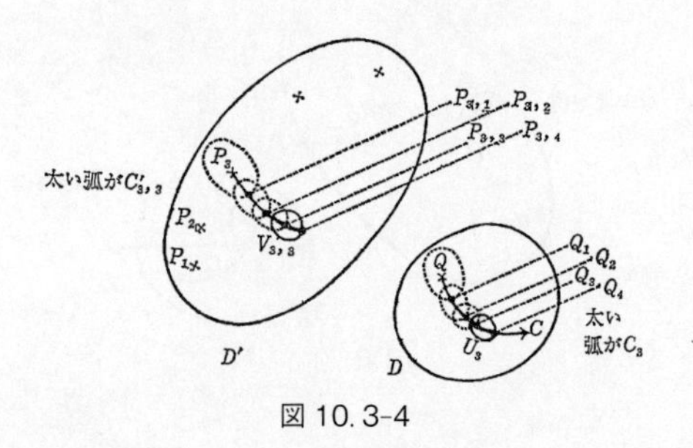

図 10.3-4

ここまで，辛抱して読まれたであろうか？　このような操作をつぎつぎにくりかえしていくことにより，被覆面 D' の中の P_3 を始点とする小弧 $C'_{3,0}$ は次第に延長されて（$C'_{3,0} \cup C'_{3,1}$; $C'_{3,0} \cup C'_{3,1} \cup C'_{3,2}$; $C'_{3,0} \cup C'_{3,1} \cup C'_{3,2} \cup C'_{3,3}$; $C'_{3,0} \cup C'_{3,1} \cup C'_{3,2} \cup C'_{3,3} \cup C'_{3,4}$; $\cdots$ という具合に）ついに $\bigcup_{j=0}^{n} C'_{3,j}$ は C の全長を覆うようになるであろう：す

なわち

$$f\left(\bigcup_{j=0}^{n} C'_{3,\,j}\right) = C$$

となる．（C は両端のある曲線だからコンパクトである．）

つまり $\bigcup_{j=0}^{n} C'_{3,\,j}$ を C'_3 とおけば，C'_3 は P_3 を始点とする D' 内の曲線で，そのオッコトシ・トレースが C となるものである．この C'_3 は曲線 C と D' 内の始点 P_3 とによって決まってしまうから，これを P_3 を始点とする C の**モチアゲ・トレース**ということにする．

いまは $f^{-1}(Q) = \{P_1, P_2, P_3, \cdots\}$ の1点 P_3 を選んで，C'_3 をつくったが，他の点 P_1 or P_2 or P_4 or$\cdots$ を選んでも同様なモチアゲ・トレースができることはいうまでもない．P_1 を始点とする C のモチアゲ・トレースを C'_1，P_2 を始点とする C のモチアゲ・トレースを C'_2，… などと書くことにする．曲線 C のモチアゲ・トレースの個数は，C の始点 Q の原像 $f^{-1}(Q) = \{P_1, P_2, \cdots\}$ の含む点の個数に等しい．

C'_1 の終点を M_1，C'_2 の終点を $M_2, \cdots$ などと書く．$M_1, M_2, \cdots$ が C の終点 N の原像であることはいうまでもない：すなわち $\{M_1, M_2, \cdots\} = f^{-1}(N)$．

点 R を C の上に取ろう．R の原像 $f^{-1}(R) = \{S_1, S_2, \cdots\}$ の各点 $S_1, S_2, \cdots$ はそれぞれ $C'_1, C'_2, C'_3, \cdots$ の上に1つずつ乗っている（図10.4）．

$C'_i \ni S_i$ であるように S_i の番号 $i = 1, 2, 3, \cdots$ とつけた

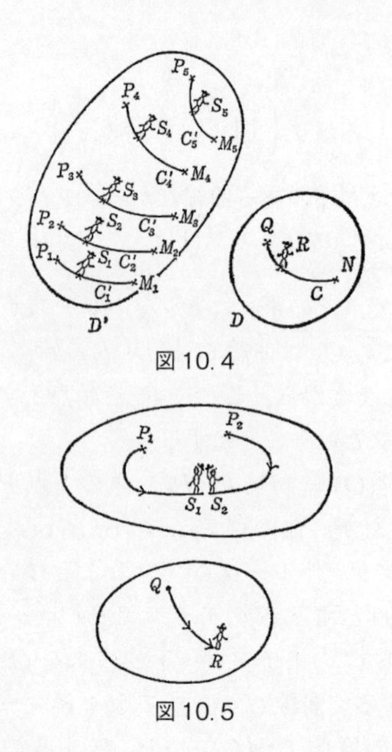

図 10.4

図 10.5

ことにしておく.

R が C の上を動くとき，$S_1, S_2, \cdots$ はそれぞれ $C'_1, C'_2,$ $\cdots$ の上を動く．R を実在，S_i を R のカゲとよぶことにする．実在 R が C 上を移動するときカゲ $S_1, S_2, \cdots$ は D' 内の曲線 $C'_1, C'_2, \cdots$ を移動するが，それらが D' 内で衝突することがあるであろうか？（図 10.5）じつはそのようなことはない.

証明　R が C 上の点 R_0 にきた瞬間に S_1 と S_2 とが衝突したとする．その点を S_0 と書く．つまり $R=R_0$ のと

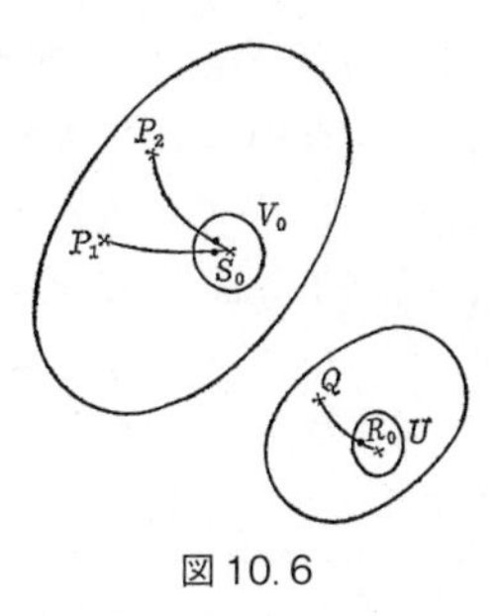

図 10.6

き $S_1=S_2=S_0$ とする．そのとき R_0 のまわりのコピアブルな近傍 U をとり S_0 を含む U のコピーを V_0 と書くと，図 10.6 からわかるように $f|V_0$ は 1 対 1 でなくなってしまう．これは被覆の定義に反する．それゆえ S_i と S_j とは衝突しない．　　Q. E. D.

問題　$D' \xrightarrow{f} D$ が被覆であるとき D の 1 点 Q の原像 $f^{-1}(Q)=\{P_1, P_2, \cdots\}$ の含む点の個数を n （$1 \leqq n \leqq \infty$）と書く．n は点 Q の選びとり方に依存しないことを証明せよ．その n を $D' \xrightarrow{f} D$ の**被覆度**といい，$n=[D':D]$ とか $\deg(f)$ とか書く．$n \neq \infty$ のとき D' は D の有限被覆であるという．

モチアゲ・トレースを用いると，先週に予告しておいた f_* が injective であることの証明ができる．

予備定理　D 上に 2 曲線 C_0, C_1 があり，$C_0 \sim C_1$ であるとする．それゆえとくに（C_0 の始点）=（C_1

の始点）である．その始点を O と書こう．いま $D' \xrightarrow{f} D$ を被覆とし，$f(O')=O$ なる1点 $O' \in D'$ をえらんで，O' を始点とする C_0, C_1 のモチアゲ・トレースをそれぞれ C_0', C_1' と書こう．そのとき（C_0' の始点）=（C_1' の始点）$=O'$ であることはあたりまえであるが，さらに（C_0' の終点）=（C_1' の終点）となり，しかも $C_0' \sim C_1'$ となるのである．

証明　$C_0 \sim C_1$ であるから，C_0 を連続的に変形して C_1 をうる．その変形が時刻 $t=0$ に始まり，$t=1$ に終わるとして，時刻 $\frac{1}{n}, \frac{2}{n}, \frac{3}{n}, \frac{4}{n}, \cdots, \frac{n-1}{n}$ における変形途中の曲線を $C_{1/n}, C_{2/n}, C_{3/n}, \cdots, C_{n-1/n}$ と書こう（図10.7）．

つぎに，これら C_0 や中間段階の各曲線 $C_{k/n}$，や C_1 をそれぞれ十分こまかく m 分して，図10.8のように各分点を糸で結んで，網目をつくる．

いま n や m を十分大きくして網目を細かくすれば，おのおのの小さな網目はみな，それぞれあるコピアブルで円

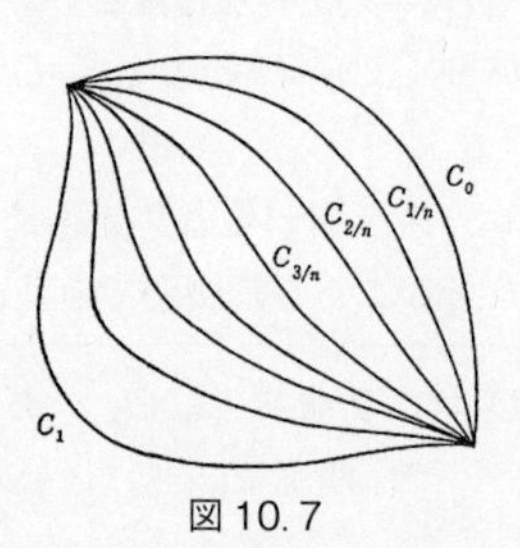

図10.7

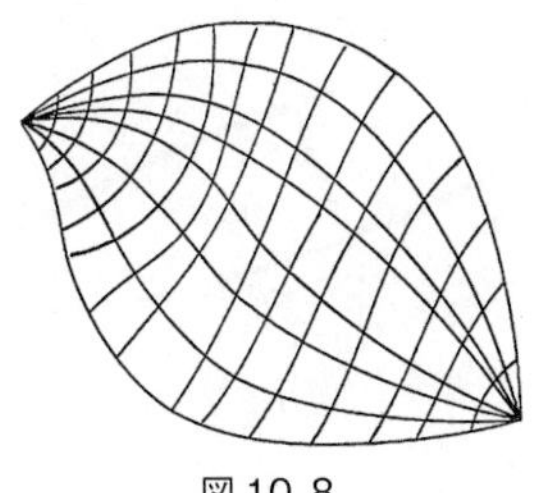

図10.8

板に同相な近傍に入るとしてよい．

いま $C_0 \to C_1$ の連続変形 $C_0 \to C_{1/n} \to C_{2/n} \to \cdots \to C_1$ の各部分段階 $C_{k/n} \to C_{k+1/n}$ をつぎのように改変する．

いま図10.9において，曲線 $C_{k+1/n}$ を j 番目の網目まで進み，それから $C_{k/n}$ の j 番目の網目まで，連結した糸をたどって進み，それから終点まで $C_{k/n}$ をたどって進む道を $E_{k,j}$ と書こう．

図10.10で見るように $E_{k,j}$ と $E_{k,j+1}$ はほんの小部分（1つの網目）でしか異ならない．そしてその網目は1つのコピアブルな“円板” U の中に入っている．それゆえ，図10.10のように $E_{k,j}$ を $E_{k,j+1}$ に U の中で連続変形できる．その変形を $E_{k,j} \to E_{k,j+1}$ と書き，これらを $j=0,1,\cdots,m$ とつづけて行なうことにより連続変形

$$C_{k/n} = E_{k,0} \to E_{k,1} \to E_{k,2} \to \cdots \to E_{k,m} = C_{k+1/n}$$

をうる．これらをさらに $k=0,1,\cdots,n-1$ とつづけてやり，C_0 を C_1 に移す連続変形がえられる．このようにし

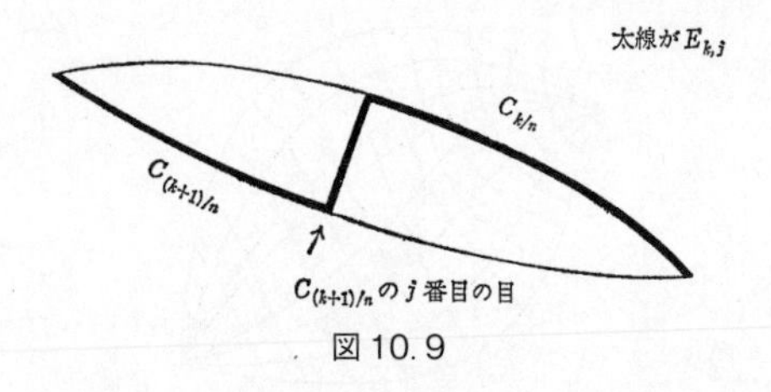

図 10.9

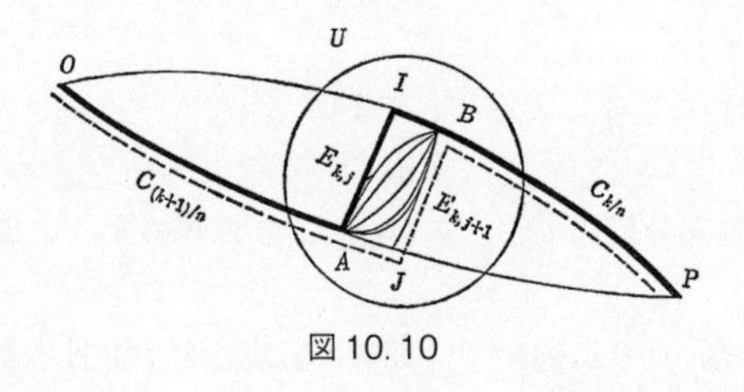

図 10.10

て連続変形 $C_0 \to C_1$ が $n \cdot m$ 個の小変形 $E_{k,j} \to E_{k,j+1}$ に分解された．それゆえ，問題の予備定理を証明するためには O' を始点とする $E_{k,j}$ のモチアゲ・トレースを $E'_{k,j}$，その終点を $P'_{k,j}$ と書いて，おのおのの k, j につき

$$P'_{k,j} = P'_{k,j+1}, \quad E'_{k,j} \sim E'_{k,j+1}$$

が成立することを証明すればよい．

ところが，$P'_{k,j} = P'_{k,j+1}$，$E'_{k,j} \sim E'_{k,j+1}$ は，小網目が1つのコピアブルな小近傍 U に入っていることから，ほとんど自明である．今日のはじめにのべた，モチアゲ・トレースの構成法を思い出せば，それはすぐわかる．それでも念のためにくわしくのべてみよう．図 10.10 において，

$C_{k+1/n}$ と $E_{k,j}$ の分岐点を A, $E_{k,j+1}$ と $C_{k/n}$ の合流点を B と書く．$E_{k,j}$ と $E_{k,j+1}$ は O と A の間では一致しているから，それらのモチアゲ・トレースは（モチアゲ・トレースの一意性より），O' と A' の間で一致している．ただし A' は A の上にある D' のある1点である．さらに $E_{k,j}$ のモチアゲ・トレースを A' をこえて延長するには，今日の講義のはじめにのべたように，A を含むコピアブルな近傍 U の A' を含むコピー U' をとり，homeomorphism $\pi' \mid U' : U' \to U$ を用いて，折れ線 AIB を U' の中にうつせばよい．こうして $E_{k,j}$ のモチアゲ・トレースが点 B' まで延長される．同様にして $E_{k,j+1}$ のモチアゲ・トレースが B'' まで延長される．$U' \xrightarrow{\pi'} U$ が1対1だから $B' = B''$ で，したがって $E_{k,j}$ のモチアゲ・トレース $E'_{k,j}$ と $E_{k,j+1}$ のモチアゲ・トレース $E'_{k,j+1}$ が B' 点で再会する．あとは再び弧 $\widehat{BP}$ のモチアゲ・トレースの一意性を用いて，$E'_{k,j}$ と $E'_{k,j+1}$ は点 B' 以後では完全に一致し，とくに終点 $P'_{k,j}$ と $P'_{k,j+1}$ が一致することがわかる．また $E'_{k,j}$ と $E'_{k,j+1}$ とのくいちがいのある部分は，円板に同相な U' の中におさまってしまうので，もちろん $E'_{k,j} \sim E'_{k,j+1}$ である．これで予備定理はすべて証明された．　Q. E. D.

このことから，いよいよ

定理 10.1　$D' \xrightarrow{f} D$ が D の被覆であり，O', O はそれぞれ D', D の点で，$f(O') = O$ とする．その

ときfの引きおこすhomomorphism $f_*:\pi_1(D';O')\longrightarrow\pi_1(D;O)$ はinjection（単射）である.

証明 $f_*(\gamma')=1$ とする．すなわち γ' に属する閉曲線 C' をとるとき $f(C')=C$ は D 内でzero-homotopeである．それゆえ，C のモチアゲ・トレースである C' もzero-homotopeである．（予備定理）．それゆえ $\gamma'=1$．つまり $\mathrm{kernel}(f_*)=\{1\}$ で，それゆえ f_* は単射である．

Q. E. D.

第11週　被覆変換群

$D' \xrightarrow{f} D$ は被覆とする．

D' の2点 P_1, P_2 が $f(P_1) = f(P_2)$ であるとき，P_1 と P_2 は共役であるという．P_1 に共役な点の個数は P_1 自身も含めて $n = \deg(f)$ 個ある．D' の2曲線 C'_1, C'_2 が同一の曲線のモチアゲ・トレースであるとき C'_1 と C'_2 とは互いに共役であるという．P_1 を始点とする曲線 C'_1 の P_2 を始点とする共役をつくるには，まず C'_1 のオッコトシ・トレース C をつくり，C の P_2 から始まるモチアゲ・トレースをつくればよい．C'_1 に共役な D' 内の曲線の個数も（C'_1 自身も数えて）$n = \deg(f)$ である．

D' 内の任意の閉曲線 C' の共役たち $C'_2, C'_3, \cdots$ がみな閉曲線であるとき $D' \xrightarrow{f} D$ は D の**ガロア被覆**または **normal な被覆**であるという（図11. 1）．

定義　$D' \xrightarrow{f} D$ を被覆とする．D' から D' 自身の上への homeomorphism σ が任意の $P \in D'$ に対して

（I）　$$f[\sigma(P)] = f(P)$$

を満たすとき，σ は $D' \xrightarrow{f} D$ の**被覆変換**という．被覆変換の全体を $\Gamma(D' \xrightarrow{f} D)$ と書く．$\Gamma(D' \xrightarrow{f} D)$ は群をつくる．その群を $D' \xrightarrow{f} D$ の**被覆変換群**（covering trans-

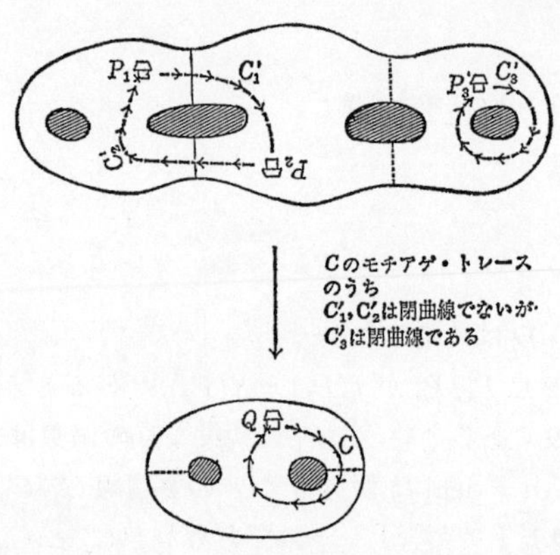

図 11.1　ガロアでない被覆

formation group）という．

$\Gamma(D' \xrightarrow{f} D)$ が群をつくることはいうまでもあるまい．さて，$\sigma \in \Gamma(D' \xrightarrow{f} D)$ とする．$\sigma(P_1) = P_2$ とすると $f(P_2) = f(\sigma(P_1)) = f(P_1)$ であるから P_1 と P_2 とは共役でなければならない．同様に B_1' を D' 内の任意の曲線として $\sigma(B_1') = B_2'$ とおくと，B_1' と B_2' とは共役でなければならない．そこで S_1 を D' の任意の一点とし，P_1 を始点とし，S_1 を終点とする曲線を D' 内に画いて，それを C_1' としよう．そして C_1' の P_2 を始点とする共役を C_2'，その終点を S_2 としよう．そうすると，$\sigma(P_1) = P_2$ であるから $\sigma(C_1')$ は P_2 を始点とする C_1' の共役でなければならず，ゆえにそれは C_2' と一致しなければならぬ．$\sigma(C_1') = C_2'$．ゆえに終点を考えて，$\sigma(S_1) = S_2$ でなけれ

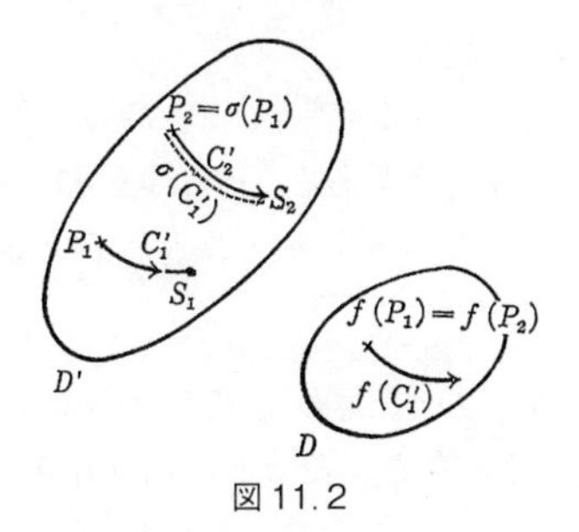

図 11.2

ばならぬ.

以上の考察は，被覆変換 σ が1定点 P_1 の像 $\sigma(P_1)=P_2$ を指定することにより完全に定まってしまうことを教える（図 11.2）.

まとめて，

> **命題 11.1**　σ を被覆変換とする．$\sigma(P_1)=P_2$ であれば P_1 と P_2 は共役でなければならぬ．また P_1, P_2 を D' の任意の共役な1組とするとき，$\sigma(P_1)=P_2$ とするような被覆変換は（もしあれば）ただ1つしかない.

> **定理 11.1**　$D' \xrightarrow{f} D$ がガロア被覆であるとする．P_1, P_2 を D' で互いに共役な任意の1組の点とするとき，$\sigma(P_1)=P_2$ となるような被覆変換 σ が必ず（ただ1つ）ある．それを $\sigma(P_1;P_2)$ と書く．P_1 に共役な点の全体を $\{P_1, P_2, P_3, \cdots\}$ とすれば $D' \xrightarrow{f} D$ の

すべての被覆変換が

$$\sigma(P_1;P_1)=\text{恒等変換},\ \sigma(P_1;P_2),\ \sigma(P_1;P_3),\cdots$$

として得られるワケである．それゆえ $D' \xrightarrow{f} D$ の被覆変換はちょうど全部で $n=\deg(f)$ 個あるワケである．

証明 P_1, P_2 を D' で共役な任意の1組の点とする．Q_1 を D' の任意の点とするとき，P_1, Q_1 を結ぶ曲線 C_1' をまず D' にえがき，P_2 を始点とする C_1' の共役を C_2' と書く．C_2' の終点を Q_2 と書く．この点 Q_2 は Q_1 で完全に定まり，P_1, Q_1 を結ぶ曲線 C_1' のとり方に依存せぬことを証明しよう．実際 P_1, Q_1 を結ぶ曲線をもう1本えがいて，それを C_1'' としよう．C_1'' の P_2 を始点とする共役を C_2'' とする．C_2'' の終点を Q_2'' とする．いま $D' \xrightarrow{f} D$ はガロア被覆であり，$C_1'^{-1}\cdot C_1''$ は閉曲線であるから，その共役である $C_2'^{-1}\cdot C_2''$ も閉曲線でなければならぬ．ゆえに $Q_2''=Q_2$ である．これで上述が証明された（図 11.3）．

さて D' の任意の点 Q_1 に対し上述のようにして定まる点 Q_2 を対応させる写像 $Q_1 \longmapsto Q_2$ を σ と書こう．この σ が $\sigma(P_1)=P_2$ であるような被覆変換であることを証明するのは容易である．　Q. E. D.

定理 11.2 $D' \xrightarrow{f} D$ がガロア被覆であれば

［1］ $f_*(\pi_1(D';O'))$ は $\pi_1(D;O)$ の normal subgroup であり，

［2］ $\pi_1(D;O)/f_*(\pi_1(D';O')) \cong \Gamma(D' \xrightarrow{f} D)$

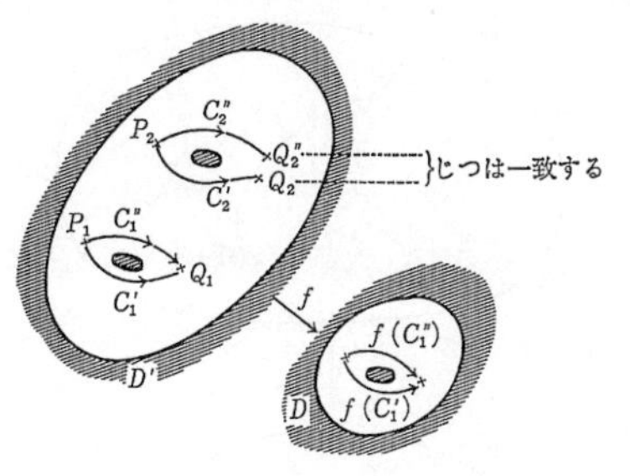

図 11.3

である．ただし O' は D' の点で $O = f(O')$ とする．

略証　$\pi_1(D;O)$ の要素 x を任意にとり出す．

$x = (A)$ とする．A は O から出て O にもどる D 内の閉曲線である．O' を始点とする A のモチアゲ・トレースを A' とする．A' はもはや閉曲線とは限らない．A' の終点を $P(x)$ と書く．

$P(x)$ が x だけで定まり，x の“代表元” A の選び方によらぬことが証明できるのである．

$P(x)$ は (O' とは一致はせぬかもしらぬが，) O' に共役な点であることは明らかである．そこで

$$\sigma(O'; P(x)) \in \Gamma(D' \xrightarrow{f} D)$$

を考えよう．

$\sigma(O'; P(x))$ を簡単のために $\psi(x)$ と書く．

$\pi_1(D;O)$ の任意の要素 x に対し，上のようにして定ま

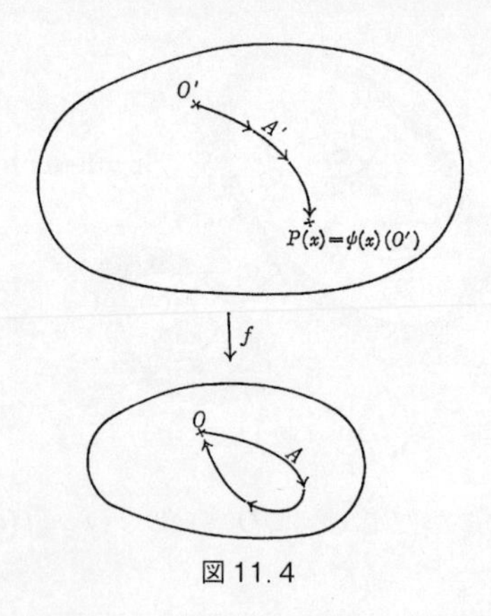

図 11.4

る $\psi(x)\in\Gamma(D'\xrightarrow{f}D)$ を対応させる写像を ψ と書くならば，これに関し，つぎのことがわかる．

［i］ ψ は homomorphism である．つまり

$$\psi(x\cdot y)=\psi(x)\cdot\psi(y)$$

が成り立つ．

［ii］ ψ は onto である．つまり

$$\psi(\pi_1(D;O))=\Gamma(D'\xrightarrow{f}D).$$

［iii］ ψ の核は $f_*(\pi_1(D';O'))$ である．

［i］,［ii］の証明は読者にまかせる．

［iii］の証明：$\psi(x)=1 \iff P(x)=O' \iff A'$ が閉曲線．

ゆえに A' は $\pi_1(D';O')$ の要素 x' を定める．$f(x')=x$ であることが容易にわかる．ゆえに　$x\in f_*(\pi_1(D';O'))$.

逆に $x \in f_*(\pi(D';O'))$ ならば，$x=(A)$ なる A をとれば A のモチアゲ・トレース A' は閉曲線で $P(x)=O'$ となる．

［iii］により $f_*(\pi_1(D';O'))$ は準同型 ψ の核であるから normal subgroup でなければならぬ．そして群論の準同型定理により，

$$\pi_1(D;O)/f_*(\pi_1(D';O')) \cong \Gamma(D' \xrightarrow{f} D)$$

が成り立つ．　Q. E. D.

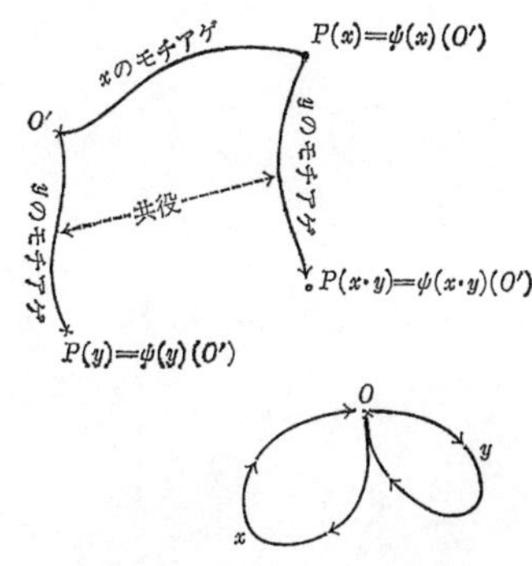

図 11.5　$\psi(x \cdot y)=\psi(x)\cdot\psi(y)$ の証明

前定理の σ の構成法を $\sigma=\psi(x), Q_1=P(y)$ に適用して

$$P(x \cdot y)=\psi(x)\cdot P(y)$$

をうる．

$$\therefore\quad \psi(x \cdot y)(O')=\psi(x)\cdot\psi(y)(O')$$

$$\therefore\quad \psi(x \cdot y)=\psi(x)\cdot\psi(y).$$

人はしっぽをもっている

第 12 週　普遍被覆面*の構成

わたくしは小学生のころ，つぎのような幻想を持ったことがある．人は見えないしっぽをもっている．見えず，軽く，長さは何万粁（キロメートル）か，極めて長い尾を，人はおしりにくっつけて，そいつを引きずり，引きずり歩いている．生まれてから死ぬまで，その尾の先は，はるかかなた，たらちねのふるさとを経て，よみの国にまでつながっている．人が歩くと，その尾はよみの国からたぐり出される．よみの国の糸車にまいてあるその人のしっぽの先が全部たぐり出されたら，その人は死ぬ．

だから長生きするコツは，そのシッポをなるたけたぐり出さぬことだ．それにはなるたけ zero-homotope な道を歩くことだ．かえりはゆきと同じ道を帰ろう．トンネルなんかはくぐるまい．（わたくしの幻想の世界は，現実の世界（そういうものがあるとして）の universal covering space であった．）

その幻想は，かなりわたくしにつきまとった．自分で考えだした幻想に，自分で暗示にかかってしまった．こうじ

---

* universal covering surface

図 12.1

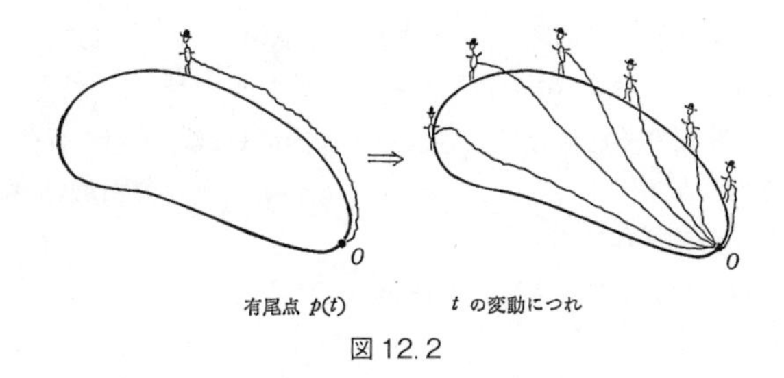

図 12.2

ては，他人に自分の後を過ぎられるのをとてもいやがった．（この他人との関係をまたあとで論ずる．）

＊　＊　＊

まえにのべたように，基本群や，被覆 $D' \xrightarrow{f} D$ の概念は，D や D' が平面内の領域であるばあいに定義できるばかりでなく，空間内の曲面であるばあいにも，空間内の領域であるばあいにも，高次元の多様体であるばあいにも，もっと一般的な抽象的なものであるばあいにも，そこに近傍や閉曲線や閉曲線の連続変形などの概念が考えられるものでありさえすれば，同様に定義できるのである．とくに，ここで扱うのは 2 次元の多様体である．

多様体（=manifold）とは何か？　多様体の定義をするためには，その前にトポロジー（位相）という言葉を知らなければならない．この講義のはじめに私は皆さんに，今日までに topology の本をたった 14 ページだけでいいから勉強しておくことを要求した（第 0 週）．

皆さんは，もうそれを読まれたであろうか？　以下の本講では topology の言葉を既知とする．

2 次元の多様体とは，各点が平面内の領域と同相な近傍をもつ位相空間のことである．とくに平面内の領域は 2 次元の多様体である．

$\tilde{D}, D$ は 2 つの 2 次元多様体で $\tilde{D} \xrightarrow{f} D$ は被覆とする．さらに $\pi_1(\tilde{D}) = \{1\}$ としよう．このとき $\tilde{D}$ は単連結であるというのだった．このとき，$\tilde{D}$ を D の普遍被覆面という．まとめておこう．

定義　単連結な被覆面のことを普遍被覆面という．

（たとえば，第 8 週の図 8.4 の例は普遍被覆面である．）

さて，問題は任意の領域 D に対して，はたして普遍被覆面が存在するか？ である．答：たしかにそれは存在する．ここでは，それを証明することを目標とする．ここでは $\tilde{D}$ をつぎのようにして逐次構成してゆくことによりそれを証明するのだが，そのまえに，その構成法を，感覚的に説明しよう．D を平面上の領域，たとえば図 12.3 の環状領域としよう．D 内に 1 点 O を定める．いま，われわれは D のふつうの点でなく，“しっぽをもった点” $\tilde{P}$ を考える．しっぽの先端は基点 O に結びつけられているとするのである．またしっぽはゴムでできていて，図 12.3 のように互いに homotope なしっぽ C_1, C_2 をもつ点は同一点と考えるのである．また，もちろん図 12.4 のように互いに homotope でないしっぽ C_1, C_2 を点 P につけたものどもは“異なった”“有尾点”と考えるのである．こ

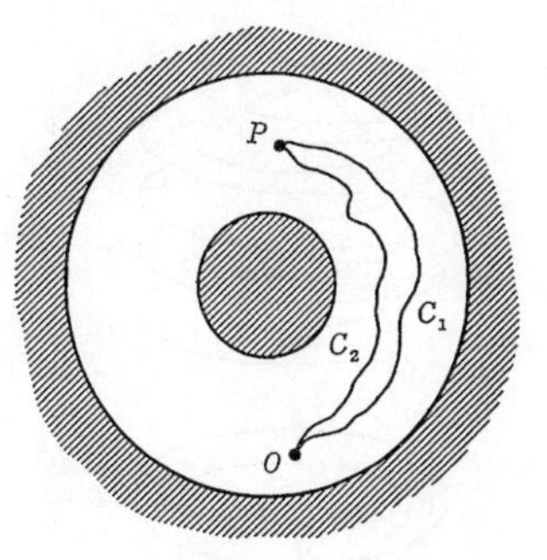

図 12. 3

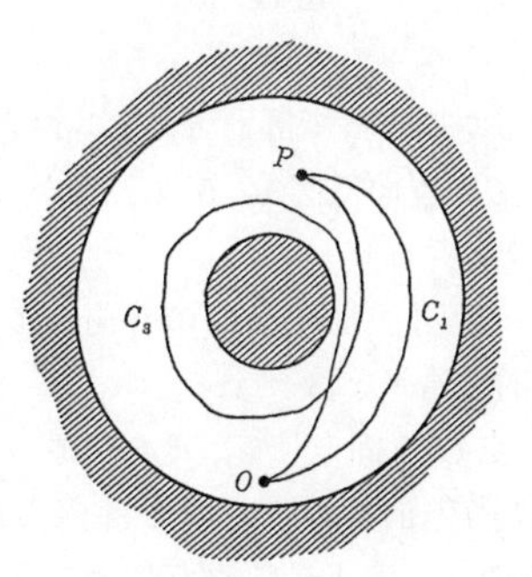

図 12. 4

のような“しっぽをもった点 $\tilde{P}$”の全体の集まりを $\tilde{D}$ と書くのである．この $\tilde{D}$ が D の普遍被覆面である．

図 12. 4 の例では“しっぽを見なければ”同一の点と見なせるものたちで，“有尾点”としては互いに異なるものが，∞ 個ずつある．それらは，しっぽが池のまわりを何

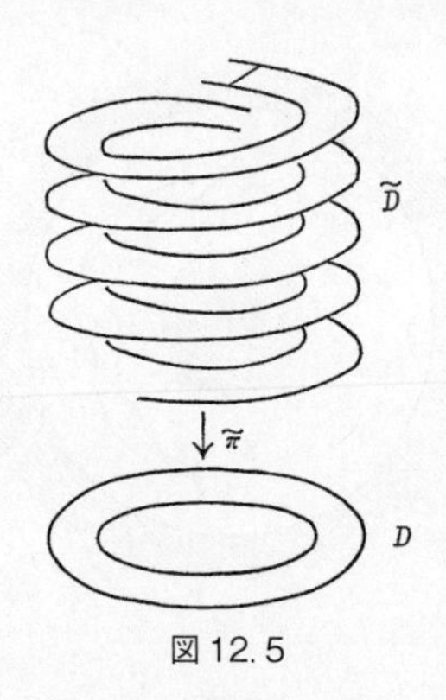

図 12.5

回まわっているかによって区別される．だから図 12.4 の環状領域の普遍被覆面は図 12.5 のような ∞ につづくラセン階段面である．

上に感覚的に説明した領域 D の普遍被覆面の構成法をきちんと数学的に述べなおそう．

まず D の 1 点 O を固定して，それを原点という．O を始点とする D 内の曲線（閉曲線とは限らぬ）の全体を $V(D;O)$ と書こう．第 4 週に約束したように，われわれが“曲線”というとき，それは向きをもち，始点と終点が確定する有限長のものを指している．その約束はいまもなお有効である．それゆえ $V(D;O)$ の要素 C は始点（それは定義により O である）と終点をもつ．C の終点を $e(C)$ と書こう．e は end point の e のつもりである．第 4 週には D 内の曲線の全体の集合を考え，それを $W(D)$ と書いた．$V(D;O)$ はそのうち始点が O であるものの全体である．第5週には O を始終点とする D 内の閉曲線の全体を $W(D;O)$ と書いた．これは $V(D;O)$ の要素のうち $e(C)=O$ なる C の全体である．すなわち

$$W(D)\supset V(D;O)\supset W(D;O).$$

$W(D)$ の2曲線 C_1 と C_2 とが互いに $\sim$（チョロン）である：$C_1\sim C_2$ とは，C_1 の始点 $=C_2$ の始点，C_1 の終点 $=C_2$ の終点で，C_1 が C_2，に始終点を固定した連続変形でうつせることであった．それゆえ $C_1\sim C_2$ で $C_1\in V(D;O)$ なら，$C_2\in V(D;O)$ で $e(C_1)=e(C_2)$.

また，$C_1\sim C_2$ で $C_1\in W(D;O)$ なら $C_2\in W(D;O)$ である．$V(D;O)$ を同値関係 $\sim$ で類に分けた商空間 $V(D;O)/\sim$ を $\tilde{D}$ と書こう：すなわち，

$$\tilde{D}=V(D;O)/\sim.$$

$\tilde{D}$ の要素を D の有尾点とか $\tilde{D}$ の“点”と書いて，$\tilde{P}$, $\tilde{Q},\cdots$ などの記号であらわす．また，$V(D;O)$ から $\tilde{D}$ への自然写像（第2週参照）を μ と書くことにする．すなわち $\tilde{D}$ の点 $\tilde{P}$ が曲線 C を含む class であれば $\tilde{P}=\mu(C)$ である．すなわち，$\tilde{P}\ni C\Longleftrightarrow\tilde{P}=\mu(C)$. $\tilde{D}$ はもちろん $\pi_1(D;O)=W(D;O)/\sim$ を含む：

$$\tilde{D}\supset\pi_1(D;O).$$

$\pi_1(D;O)$ は群であるが，それを含む $\tilde{D}$ は群でも何でもない．$\pi_1(D;O)$ の単位元を1と書いたが，それを $\tilde{D}$ の要素と考えるときは $\tilde{O}$ とも書くことにする：$\tilde{O}=1$. 同じものに2つの記号を用いたって悪くはなかろう．$\tilde{O}=1$ は

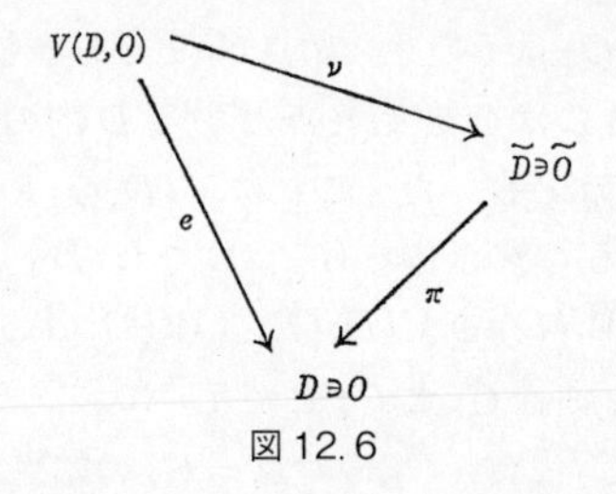

図 12.6

$V(D;O)$ の閉曲線で 1 点 O に連続収縮可能なものたちがつくる class であった.

$V(D;O)$ の曲線 C に対して終点 $e(C)$ を対応させることによって, $V(D;O)$ から D の上への写像 e がえられる. $C_1 \sim C_2$ なら $e(C_1)=e(C_2)$ であるから, これからつぎのようにして自然に $\tilde{D}=V(D;O)/\sim$ から D の上への写像 π がつくられる：すなわち $\tilde{D}$ の点 $\tilde{P}$ に対し, 類 $\tilde{P}$ に属する曲線 C をとり $e(C)$ を $\pi(\tilde{P})$ とするのである.

$\tilde{P}=\mu(C)=\mu(C')$ ならば $C \sim C'$ だから $e(C)=e(C')$, それゆえ $\pi(\tilde{P})$ が $\tilde{P}$ からの代表者 C のとり出し方に関係なく類 $\tilde{P}$ だけで定まって写像 π が確定するのである. つくり方から明らかに, $\pi\circ\mu=e$ である.（図 12.6）

$\pi(\tilde{O})=O$ であることはいうまでもない.

$\tilde{D}$ にトポロジーを入れて, 2 次元の多様体にしようというのが, 以下の計画である.

$\tilde{D}$ の点 $\tilde{P}$ のまわりの“近傍”をつぎのように定義する. $\pi(\tilde{P})=P$ と書く. P は $\tilde{P}$ に属する curve C の終点

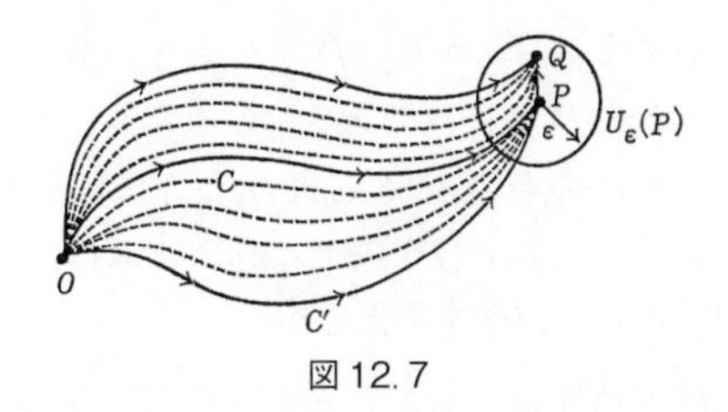

図 12.7

で，領域 D の点である．D は平面内の領域だから点 P の近傍 $U(P)$ が考えられる．簡単のため，$U(P)$ は点 P を中心とする半径 ε の円板 $U_\varepsilon(P)$ であるとしよう（図 12.7）．さて $U_\varepsilon(P)$ の点 Q に対し，P と Q を結ぶ線分を P を始点とし Q を終点とする曲線とみて $\overrightarrow{PQ}$ と書く．

類 $\tilde{P}$ に属する曲線の 1 つを C とし，連接 $C\cdot\overrightarrow{PQ}$ をつくり，$C\cdot\overrightarrow{PQ}$ の属する類 $\mu(C\cdot\overrightarrow{PQ})$ を $\tilde{Q}$ と書こう：すなわち，$\tilde{Q}$ は O をでて曲線 C をたどって P にいたり，さらに線分上を Q にいたる曲線 $C\cdot\overrightarrow{PQ}$ に homotope な曲線たちの類である．この $\tilde{Q}$ は類 $\tilde{P}$ と $U_\varepsilon(P)$ 内の点 Q のみにより定まり，$\tilde{P}$ の代表 C のとり方には依存しないことは明白である．そこで点 $\tilde{P}$ の “ε-近傍” $\tilde{U}_\varepsilon(\tilde{P})$ を

$$\tilde{U}_\varepsilon = \{\tilde{Q} = \mu(C\cdot\overrightarrow{PQ}) | Q \in U_\varepsilon(P)\}$$

と定義する．すなわち，点 Q が円板 $U_\varepsilon(P)$ 内を動きまわるときの $\tilde{Q} = \mu(C\cdot\overrightarrow{PQ})$ の全体を $\tilde{U}_\varepsilon(\tilde{P})$ と書くのである．これは類 $\tilde{P}$ と “半径” ε にのみ依存して定まる $\tilde{D}$ の部分集合である．こうして各点のまわりにいろいろな半径 ε の ε-近傍の系 $\{\tilde{U}_\varepsilon(\tilde{P})\}$ が定まる．これらによって $\tilde{D}$ に

topology が定まる．しかも，$\tilde{D}$ が 2 次元の多様体であって，$\tilde{D} \xrightarrow{\pi} D$ が D の被覆であることも容易にわかるだろう．じっさい $\tilde{D}$ の各点 $\tilde{P}$ は円板 $U_\varepsilon(P)$ に同位相な近傍 $\tilde{U}_\varepsilon(\tilde{P})$ をもち，π は $\tilde{U}_\varepsilon(\tilde{P})$ の上に制限すれば，位相同型写像 $\tilde{U}_\varepsilon(\tilde{P}) \underset{1:1}{\xrightarrow{\pi}} U_\varepsilon(P)$ を与えるから．

最後に $\tilde{D}$ が単連結であることを証明しよう．それができれば，$\tilde{D} \xrightarrow{\pi} D$ が普遍被覆面ということになる．

いま，$\tilde{D}$ の上を動く動点 $\tilde{P}$ が時刻 $t=0$ の瞬間に始点 $\tilde{O}$ を出発し閉曲線 $\tilde{C}$ を 1 周して時刻 $t=1$ に $\tilde{O}$ にもどったとする．時刻 $0<t<1$ における $\tilde{P}$ の位置を $\tilde{P}(t)$ と書こう．$\tilde{C}$ が閉曲線だから $\tilde{P}(1)=\tilde{O}$ である．$\pi(\tilde{P})=P$，$\pi(\tilde{P}(t))=P(t), \pi(\tilde{C})=C$ と書こう．C は D 内の閉曲線で O より出て O にもどる．ゆえに $P(1)=O$ である．点 $\tilde{P}(t)$ は “有尾点” としては，点 $P(t)$ に曲線 C の $O, P(t)$ 間を尾として加えたものである．t が 0 から 1 までうごくとき点 $\tilde{P}(t)$ の変動は，点 $P(t)$ が C の上をしっぽを引きずりながら歩いてゆくイメージにより表象される．とくに $\tilde{P}(1)$ は “有尾点” としては点 O に曲線 C を尾として加えたものである．一方 $\tilde{O}$ は有尾点としては点 O に zero-homotope な尾を加えたものであるから，等式

$$\tilde{P}(1)=\tilde{O}$$

は C が zero-homotope であることを意味する．それゆえ第 10 週の予備定理によって，$\tilde{C}$ も zero-homotope でなければならない．すなわち $\tilde{D}$ 内の任意の閉曲線 $\tilde{C}$ が

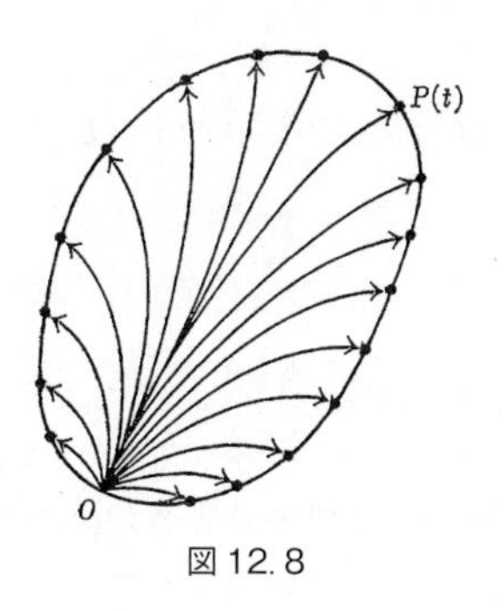

図 12.8

zero-homotope であることが証明された．それゆえ $\tilde{D}$ は単連結である．

また，定義から明らかに

> **命題 12.1**　普遍被覆 $(\tilde{D};\tilde{O}) \xrightarrow{\pi} (D;O)$ はガロア被覆である．

問題　普遍被覆面の普遍性：$\tilde{D} \xrightarrow{\pi} D$ を D の普遍被覆，$\tilde{O} \in \tilde{D}$，$O \in D$ で $\pi(\tilde{O}) = O$ とする．また $D' \xrightarrow{f} D$ を D の1つの被覆，$O' \in D'$ で $f(O') = O$ とする．そのとき $\tilde{D}$ から D' への被覆写像 g で $g(\tilde{O}) = O'$, $f \circ g = \pi$ を満足する g がただ1つ定まることを証明せよ．

（ヒント）　$\tilde{D}$ の点 $\tilde{P}$ を曲線 C のクラスとし，C の O' を始点とする D' におけるモチアゲ・トレース C' の終点を P' として $\tilde{P}$ に P' を対応させる対応 $\tilde{P} \to P'$ を g とすればよい．

第13週　$(D;O)$ の被覆類と $\pi_1(D;O)$ の部分群の対応

$D' \xrightarrow{f} D$ が D の被覆であって，O' は D' の点，O は D の1点で $f(O')=O$ であるとき，$(D';O') \xrightarrow{f} (D;O)$ は $(D;O)$ の被覆であるということにする．

先先週は，$(D';O') \xrightarrow{f} (D;O)$ によって引きおこされる同型写像 $f_* : \pi_1(D';O') \longrightarrow \pi_1(D;O)$ によって，$\pi_1(D';O')$ に同型な一部分群 $f_*(\pi_1(D';O'))(\subset \pi_1(D;O))$ が生ずることを見た．さらに $D' \xrightarrow{f} D$ がガロア被覆であるばあいには，$f_*(\pi_1(D';O'))$ は $\pi_1(D;O)$ の normal subgroup であって，剰余類群 $\pi_1(D;O)/f_*(\pi_1(D';O'))$ が，被覆変換群 $\Gamma(D' \xrightarrow{f} D)$ と同型なのだった．

今週は，逆に $\pi_1(D;O)$ の部分群 Γ を任意に与えたとき，$f_*(\pi_1(D';O')) = \Gamma$ となるような $(D';O') \xrightarrow{f} (D;O)$ が存在することを証明しよう．

まず Γ がとくに単位群 $\Gamma = \{1\}$ であるときには，$(D';O')$ として universal covering $(\tilde{D};\tilde{O}) \xrightarrow{\pi} (D;O)$ をとれば，たしかに $f_*(\pi_1(\tilde{D};\tilde{O})) = f_*(1) = \{1\}$ となる．そして，それゆえ $\tilde{D}/D$ の被覆変換群 $\Gamma(\tilde{D} \to D)$ は定理11.2により $\pi_1(D;O) \cong \pi_1(D;O)/\{1\}$ と同型である：$\Gamma(\tilde{D} \to D) \cong \pi_1(D;O)$．

つぎに一般に，Γ が $\pi_1(D;O)$ の与えられた部分群であるとする．まず $(D;O)$ の普遍被覆 $(\tilde{D};\tilde{O})$ を作る．上にのべたように $\Gamma(\tilde{D}\to D)\cong\pi_1(D;O)$ だから，Γ は $\Gamma(\tilde{D}\to D)$ の部分群と思える．$\tilde{D}$ の点 $\tilde{P},\tilde{Q},\cdots$ たちの間につぎのような同値関係 $\underset{\Gamma}{\approx}$ を定義しよう：すなわち，$\tilde{P}\underset{\Gamma}{\approx}\tilde{Q}$ とは，「$\gamma(\tilde{P})=\tilde{Q}$ となるような被覆変換 γ が Γ の中からとれること」と定義するのである．この関係 $\underset{\Gamma}{\approx}$ が同値関係であることを見るのはやさしい．それゆえ類別空間 $\tilde{D}/\underset{\Gamma}{\approx}$ が考えられる．これを簡単に $\Gamma\backslash\tilde{D}$ と書こう．$\tilde{D}/\Gamma$ と書いてもよいが，ここではあとあとのことを慮って $\Gamma\backslash\tilde{D}$ と書いておく．この $\Gamma\backslash\tilde{D}$ が2次元多様体となって，D の被覆面になり，さらにその被覆が $\pi_1(D;O)$ の部分群 Γ に対応することが，証明されるが，それらは読者にまかせよう．

つぎに $(D;O)$ の2つの被覆 $(D';O')\xrightarrow{f'}(D;O)$，$(D'';O'')\xrightarrow{f''}(D;O)$ が $\pi_1(D;O)$ の同一の部分群 Γ に対応する条件をしらべよう．そのために，$(D;O)$ の被覆の間につぎのような同値関係を導入する：

定義　$(D';O')\xrightarrow{f'}(D;O)$ と $(D'';O'')\xrightarrow{f''}(D;O)$ とが互いに同値な被覆である

とは，D' から D'' の上への homeomorphism（位相同型写像）g で，つぎの2性質：

$$g(O')=O'',\quad f''\circ g=f'$$

を満たすもの g が存在することである．（もしこのような

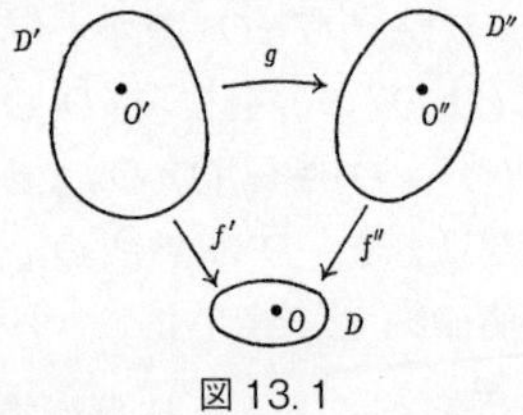

図 13.1

g が存在すればそれは一意的に定まることがわかる.）

定理 13.1 $(D';O') \xrightarrow{f'} (D;O)$ と $(D'';O'') \xrightarrow{f''} (D;O)$ を 2 つの被覆とするとき，$f'_*(\pi_1(D';O')) = f''_*(\pi_1(D'';O''))$ となるためには，この 2 つの被覆が同値であることが必要かつ十分である.

証明は読者にまかせよう*.

定理 13.2 被覆 $(D';O') \xrightarrow{f'} (D;O)$ がガロア被覆であるためには $f_*(\pi_1(D';O'))$ が $\pi_1(D;O)$ の normal subgroup であることが必要かつ十分である.

証明はやはり読者にまかせる.

問題 被覆 $(D';O') \xrightarrow{f'} (D;O)$，$(D'';O'') \xrightarrow{f''} (D;O)$ に対して $\Gamma' = f'_*(\pi_1(D';O'))$，$\Gamma'' = f''_*(\pi_1(D'';O''))$ とおく．被覆 $(D';O') \xrightarrow{g} (D'';O'')$ で $f'' \circ g = f'$ であるも

---

* 実際の講義でこの章の命題はすべて証明せず，学生にレポートの問題として提供した．半数以上の学生が，その証明をレポートとして提出した.

のが存在するとき，またそのときに限り $\Gamma' \subset \Gamma''$ であることを証明せよ．

このとき被覆 $(D';O') \xrightarrow{f'} (D;O)$ は被覆 $(D'';O'') \xrightarrow{f''} (D;O)$ より高いということにしておこう．また逆に $(D'';O'') \xrightarrow{f''} (D;O)$ は $(D';O') \xrightarrow{f'} (D;O)$ より低いといおう．

$(D;O)$ のすべての被覆の集まりを，上述の同値関係で分類してできる，おのおのの同値類を $(D;O)$ の被覆類といおう．

ここ数週間の間に，われわれが得た知識をまとめると，つぎのようになる．

まとめた定理 13.3　$(D;O)$ の被覆 $(D';O') \xrightarrow{f} (D;O)$ に対して，基本群 $\pi_1(D';O')$ から $\pi_1(D;O)$ の中への群同型対応 f_* が定まる：

$$f_* : \pi_1(D';O') \longrightarrow \pi_1(D;O).$$

f_* の像 $f_*(\pi_1(D';O'))$ を Γ' とおくと，これは $\pi_1(D;O)$ の部分群であるわけだが，これが normal subgroup であることが，$(D';O') \xrightarrow{f'} (D;O)$ がガロア被覆であるために必要十分であって，そのとき剰余類群 $\pi_1(D;O)/\Gamma'$ がその被覆変換群と同型になる：

$$\pi_1(D;O)/\Gamma' \cong \Gamma(D' \xrightarrow{f} D).$$

さらに被覆と部分群のこの対応

$$[(D';O') \xrightarrow{f} (D;O)] \Leftrightarrow \Gamma' = f_*(\pi_1(D';O'))$$

により，$(D;O)$ の被覆類の全体と $\pi_1(D;O)$ の部分群の全体とが互いに 1 対 1 に対応する．とくに $\Gamma' = \{1\}$ に対応するのが普遍被覆であり，また被覆相互間の高低関係が，部分群の包含関係に対応する．

ガロア理論を目で見よう

第14週　被覆面上の連続関数

今週からは，多様体上の関数を扱う．Dを2次元多様体とする．（多様体という言葉に抵抗を感じる方は，Dを平面内の領域であると思って以下を読んで下さって結構です．）Dの任意の点Pに，複素数$F(P)$を対応させる連続写像FのことをD上の連続関数といおう．D上の連続関数の全体がつくる集合を$C^0(D)$と書く．F，GがD上の連続関数であるとき，F，Gの和，差，積も連続関数であることはいうまでもない．ここで関数の和，差，積はそれぞれ

$$F+G : D \ni P \longmapsto F(P)+G(P)$$

$$F-G : D \ni P \longmapsto F(P)-G(P)$$

$$F\cdot G : D \ni P \longmapsto F(P)\cdot G(P)$$

で定義される関数$F+G$，$F-G$，$F\cdot G$である．（かくして，集合$C^0(D)$は可換環である．）連続関数F，Gの商$F/G = F \div G$は必ずしも定義されない．GがD上どこでも0なる値をとらぬとき，$F/G : D \ni P \longmapsto F(P)/G(P)$が定義されて，これは連続関数である．

いいおくれたが，複素数全体のつくる集合を，慣例どお

り $\boldsymbol{C}$ と書こう．D 上の constant function

$$c : D \ni P \longmapsto c \quad (\text{定数} \in \boldsymbol{C})$$

を，複素数 $c \in \boldsymbol{C}$ と同一視することにより，$C^0(D)$ は $\boldsymbol{C}$ を部分体として含むといってよい．

$D' \xrightarrow{f} D$ を D の被覆としよう．D 上の連続関数全体のつくる環 $C^0(D)$ と D' 上の連続関数環 $C^0(D')$ を用意する．D 上の連続関数 F に対し，被覆写像 f との合成 $F \circ f$ を考えると，これは D' 上の連続関数である．F も f も連続だから，その合成 $F \circ f$ も連続となるからである．かくして D 上の連続関数 F に D' 上の連続関数 $F \circ f$ を対応させる写像

$$C^0(D) \ni F \longmapsto F \circ f \in C^0(D')$$

が考えられる．この写像を慣例にしたがって f^* と書こう．すなわち：

$$\begin{cases} f^* : C^0(D) \longrightarrow C^0(D') \\ f^*(F) = F \circ f \end{cases}$$

である．

つぎの定理が成立するのはいうまでもない．

定理 14.1

（イ） $(F \pm G) \circ f = F \circ f \pm G \circ f$，すなわち

$$f^*(F \pm G) = f^*(F) \pm f^*(G).$$

（ロ） $(F \cdot G) \circ f = (F \circ f) \cdot (G \circ f)$，すなわち

$$f^*(F \cdot G) = f^*(F) \cdot f^*(G).$$

（ハ） $F \neq G$ ならば $F \circ f \neq G \circ f$ すなわち

$$f^*(F) \neq f^*(G).$$

すなわち f^* は $C^0(D)$ の $C^0(D')$ の中への環同型である．それゆえ $f^*(C^0(D))$ は，$C^0(D')$ の部分環で，$C^0(D)$ と同型である：

$$C^0(D') \supset f^*(C^0(D)) \cong C^0(D).$$

証明　(イ)　$(F+G)\circ f(P) = (F+G)(f(P))$
$= F(f(P)) + G(f(P)) = (F\circ f)(P) + (G\circ f)(P)$,

$$\therefore \quad (F+G)\circ f = F\circ f + G\circ f.$$

(ロ)も同様．

(ハ)　$F \neq G$ なら $F(P_0) \neq G(P_0)$ なる点 P_0 がある．f は全射，ゆえに $f(P_0') = P_0$ なる点 P_0' がある．そこで，$f^*(F)(P_0') = F(P_0) \neq G(P_0) = f^*(G)(P_0')$.

$$\therefore \quad f^*(F) \neq f^*(G) \qquad \text{Q. E. D.}$$

それゆえ，F と $f^*(F) = F\circ f$ とを同一視することにするならば，$C^0(D)$ は $C^0(D')$ の部分環であると思うことができる：$C^0(D) \subset C^0(D')$．第18週以下ではそのように扱うことになる．

予備定理　$C^0(D')$ の関数 F' が $f^*(C^0(D))$ に属するためには，F' が被覆 $D' \xrightarrow{f} D$ の共役な2点ではつねに同一の値をとることが必要かつ十分である．

証明　D' の2点 P'，Q' が互いに共役であるとは $f(P') = f(Q')$ であることであった．それゆえ，もし $F' \in f^*(C^0(D))$ ならば $F' = f^*(F) = F\circ f$（ただし $F \in$

$C^0(D)$) と書けるから,

$$F'(P') = F(f(P')) = F(f(Q')) = F'(Q').$$

すなわち F' は共役な2点 P', Q' ではつねに同一の値をとる. 逆に F' が共役な2点ではつねに同一の値をとるような D' 上の連続関数としよう. D の点 P に対し $f^{-1}(P)=\{P'_1,\ P'_2,\ \cdots\}$ とすると, P'_1, P'_2, $\cdots$ は D' 上の点であるが互いに共役である. それゆえ

$$F'(P'_1) = F'(P'_2) = F'(P'_3) = \cdots.$$

この共通の値 $F'(P'_1)=F'(P'_2)=\cdots$ はこのように P だけによって定まるから, これを $F(P)$ と書くことにすれば, F は D 上で定義された関数で, しかも連続関数であることがわかる. それを見るには, 連続性は局所的な性質だから D の任意の近傍内で F が連続であることを見ればよい. 1点 P のまわりのコピアブルな近傍 U と, P'_1 を含む U のコピー U'_1 をとり, U を動く動点 Q と U'_1 内の Q のカゲ Q'_1 を用意しよう. しからば F の定義により $F(Q) = F'(Q'_1)$ である. $Q'_1 = (f|U'_1)^{-1}(Q)$ で, $f|U'_1$ は U'_1 と U の間の homeomorphism だから, $F(Q) = (F' \circ (f|U'_1)^{-1})(Q)$ は Q の連続関数である. (連続性の証明おわり.) さてこの連続関数 F に対して $f^*(F)=F\circ f$ をつくれば, それが F' にほかならぬことは自明である.

(予備定理の証明おわり.)

さて, 以下では, とくに $D' \xrightarrow{f} D$ がガロア被覆である場合を考えよう. 被覆変換群 $\Gamma(D' \xrightarrow{f} D)$ を Γ と略記する. Γ の元 γ をとり出す. これは定義により D' か

ら D' 自身の上への自己-homeomorphism で $f\circ\gamma=f$ を満たすのであった．D' 上の連続関数 $F'\in C^0(D')$ に対し $F'\circ\gamma$ を考えれば，これもまた D' 上の連続関数である．それゆえ，写像

$$C^0(D')\ni F'\longmapsto F'\circ\gamma\in C^0(D')$$

が考えられる．これを慣例にしたがい γ^* と書く：

$$\gamma^*:C^0(D')\longrightarrow C^0(D')$$
$$\gamma^*(F')=F'\circ\gamma.$$

γ^* が環 $C^0(D')$ の自己準同型であることはいうまでもない．すなわち $\gamma^*(F'\pm G')=\gamma^*(F')\pm\gamma^*(G')$，$\gamma^*(F'\cdot G')=\gamma^*(F')\gamma^*(G')$ が成り立つ．証明は定理 14.1 の証明と同様である．

また Γ の2元 γ_1，γ_2 に対しそれぞれ γ_1^*，γ_2^* を作るとき $(\gamma_1\circ\gamma_2)^*=\gamma_2^*\circ\gamma_1^*$ が成立する．実際，任意の $F'\in C^0(D')$ に対し $(\gamma_1\circ\gamma_2)^*(F')=F'\circ(\gamma_1\circ\gamma_2)=(F'\circ\gamma_1)\circ\gamma_2=\gamma_2^*(F'\circ\gamma_1)=\gamma_2^*(\gamma_1^*(F'))$ だから．すなわち $\Gamma\ni\gamma\longmapsto\gamma^*$ は Γ から環 $C^0(D')$ の自己同型群 $\mathrm{Aut}(C^0(D'))$ の中への逆準同型である．

問題　$\gamma\longmapsto\gamma^*$ が Γ から $\mathrm{Aut}(C^0(D'))$ の中への逆同型であることを示せ．すなわち $\gamma_1\neq\gamma_2$ なら $\gamma_1^*\neq\gamma_2^*$ であることを示せ．

さて，$C^0(D')$ の要素 F' であって Γ の任意の要素 γ に対し $\gamma^*(F')=F'$ となるもの F' を，Γ-不変な関数とい

うことにする．Γ-不変な関数の全体を慣例にしたがい $C^0(D')^\Gamma$ と書く．

$$C^0(D')^\Gamma = \{F' \in C^0(D') \mid \gamma^*(F') = F', \quad \forall\gamma \in \Gamma\}.$$

定理 14.2　$f^*(C^0(D)) = C^0(D')^\Gamma$

すなわち $f^*(F)=F\circ f$ $(F\in C^0(D))$ の形の関数は Γ-不変であり，逆に Γ-不変な関数は $f^*(F)$ の形のものに限るのである．

証明　$F' = f^*(F)$ であれば，これが Γ-不変であることはすぐわかる．実際，$\gamma^*(F') = F'\circ\gamma = F\circ f\circ\gamma = F\circ f = F'$．逆に F' を Γ-不変な関数としよう．P_1'，P_2' を D' の共役な 2 点としよう．$D' \longrightarrow D$ はガロア被覆だから定理 11.1 により，$\gamma(P_1')=P_2'$ となる $\gamma\in\Gamma$ がただ 1 つある．それを $\gamma=\sigma(P_1';P_2')$ と書いたのだった．さて，

$$F'(P_2') = F'(\gamma(P_1')) = (F'\circ\gamma)(P_1') \underset{\uparrow}{=} F'(P_1').$$

（F' の Γ-不変性）

ゆえに，F' は共役な 2 点では同じ値をとる．ゆえに，予備定理により $F'=f^*(F)$ と書ける．　　Q. E. D.

第15週　被覆面上の関数論

今週からいよいよ，D や D' 上の関数論に入る．複素平面を $\boldsymbol{C}$ と書き，今週以後考える2次元多様体は $\boldsymbol{C}$ 内の領域 D や，その D の被覆面であるもののみに限ることになる．その制限はそこにおける“関数論”を展開するために必要なのである*.

まず D を $\boldsymbol{C}$ 内の領域とし，D 内の点を複素数らしく z，z'，… などの記号で書くことにする．D における，複素関数論は既知とする．ちょっと復習すると，D における関数 F が正則（holomorph）とは，$F(z)$ が z に関し微分可能で $F'(z)$ が連続なことである．ここで $F'(z)=\lim_{w\to z}\dfrac{F(w)-F(z)}{w-z}$ のことである．ここでこの極限値が存在することが微分可能ということであった．しかもここにおいては $\lim_{w\to z}$ が確定するとは，変数 w が D の中で点 z にどの方向からどういうふうに近づいても近づき方にかかわりなく一定の値に近づくとい

* ここで講師は**複素構造**について解説しようかよそうかと，かなり迷ったのであるが，結局その解説はやめて，以下のように体系をくんだ．しかし生意気なる2, 3人の学生はこの点に不満を持ったようである．

うのであるから，微分可能性は実変数関数のときと異なってきわめて強い内容をもつのであった．そしてそれはCauchy-Riemannの方程式により特徴づけられたのだった．Dにおける正則関数の全体を$O(D)$と書こう．$O(D)$は環を作る．すなわち$O(D) \ni F$，Gならば$F \pm G$，$F \cdot G \in O(D)$．さらにFが正則ならば，その導関数$F'(z)$も自動的に正則になるのであった．したがって$F''(z)$，$F'''(z)$，$\cdots$がつぎつぎに正則となる．すなわち

$$O(D) \ni F \overset{\text{ならば}}{\Longrightarrow} F', F'', F''', \cdots \in O(D).$$

さらに，正則関数とD内の曲線Cに対して定積分$\int_C F(z)dz$が定義される．それはCの上に始点から終点に向かって$n+1$個の分点$z_0=$(始点)，z_1，z_2，$\cdots$，$z_n=$(終点) をとってCを分割し，各小弧$z_{i-1}z_i$上に代表点ζ_iをとり，近似和

$$\sum_{i=1}^{n} F(\zeta_i)(z_i - z_{i-1})$$

を作る．nを増し，分割を細かくしていったときのこの近似和の極限が定積分であった．

$$\int_C F(z)dz = \lim_{(\text{分割を細かく})} \sum F(\zeta_i)(z_i - z_{i-1}).$$

重要なのは，Cがzero-homotopeな閉曲線であるとき$\int_C F(z)dz = 0$となることである（Cauchy)．また，こ

の性質が逆に F の正則性を特徴づける（Morera）．また Cauchy の定理から，D が単連結な領域であるとき，$F\in O(D)$ の原始関数が存在することがわかる：D 内に定点 a を選び，a と変数 z とを D 内で結ぶ曲線 C にそって作った $\int_C F(z)dz$ を作ると，これは，z と a とのみにより定まり C のとり方によらない．（D が単連結だからである．）ゆえに $\int_C F(z)dz=\int_a^z F(z)dz$ と書く．これが z の関数として $F(z)$ の原始関数となるのだった．もちろん $\int_a^z F(z)dz\in O(D)$.

（注意）　D が単連結でないとき，$F(z)$ は必ずしも（D で定義された）原始関数をもつとは限らない．$\int_C Fdz$ が，a と z を結ぶ曲線 C の homotopy 類に依存して異なるかも知れぬからである．D の普遍被覆面 D 上の関数としてなら F の原始関数は構成できる．（くわしくは後述．）

（注意終）

正則な関数 F は局所的には収束するベキ級数で表現できる：

$$F(z)=\sum_{n=0}^{\infty}\alpha_n(z-a)^n=\alpha_0+\alpha_1(z-a)+\cdots$$

このことから，D での正則関数 F が $F\not\equiv 0$ なら，$F(z)$ の零点の集合は D の内部に集積しない．それゆえ，$F(z)$

の零点はたかだか可算個である．このことから，つぎの重要な系がでてくる：正則関数 $F(z)$，$G(z)$ の積 $F(z)\cdot G(z)$ が恒等的に 0 なら $F(z)$，$G(z)$ の少なくとも一方が恒等的に 0 でなければならない．すなわち，環 $O(D)$ は零因子をもたない．（整域である！）それゆえ $O(D)$ の商体が作れる．その元は D 内の有理型関数である．ここで ψ が D における有理型関数であるというのは，ψ が D 内でたかだか可算個の極をのぞいては正則であるということである．

D における有理型関数の全体を $K(D)$ と書こう．$K(D)$ は体である．

つぎには，被覆面における“関数論”を建設しよう．

D を複素平面 $\boldsymbol{C}$ 内の領域，$D' \xrightarrow{z} D$ をその被覆とする．$D \subset \boldsymbol{C}$ なる今の場合，被覆写像をあらわすのに今までのように f でなく，文字 z を用いておくとあとあと便利である．D' の点 P' に対し，$z(P')$ は D の点であり，したがって複素数であるから $z: D' \longrightarrow \boldsymbol{C}$ は D' 上の関数と思える．これはもちろん連続関数である：$z \in C^0(D')$．

D' 上の連続関数 F と G とに対し

$$\lim_{Q' \to P'} \frac{F(Q') - F(P')}{G(Q') - G(P')}$$

が確定するとき F は点 P' で G に関し微分可能であるといおう．ただしここで $\lim_{Q' \to P'}$ が確定するとは，Q' を P' に近づけるのに際しどの方向からどのように近づけるかに

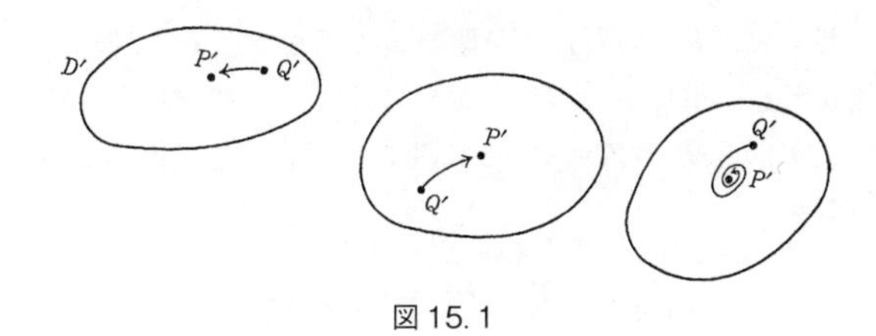

図 15.1

は関係なく $\dfrac{F(Q')-F(P')}{G(Q')-G(P')}$ が皆同一の一定値に近づくことをいう．その一定の極限値を $\dfrac{dF}{dG}(P')$ と書こう．

[いろいろな近づき方の例]

（講師独白）ヤレヤレ，このような説明は秀才にはカエッテ理解をさまたげるのではないかな．

以下ちゃんとした定義：

P' のある近傍 U' があり，$U'-\{P'\}$ で $G(Q')\neq G(P')$ であり，$U'-\{P'\}$ で定義された Q' の関数 $\dfrac{F(Q')-F(P')}{G(Q')-G(P')}$ が U' における連続関数 $\dfrac{dF}{dG}$ に拡張されるとき，$\displaystyle\lim_{Q'\to P'}\frac{F(Q')-F(P')}{G(Q')-G(P')}$ が確定するといい，$\dfrac{dF}{dG}$ の P' における値 $\dfrac{dF}{dG}(P')$ を

$$\frac{dF}{dG}(P')=\lim_{Q'\to P'}\frac{F(Q')-F(P')}{G(Q')-G(P')}$$

と書く．

とくに，$F \in C^0(D')$ が関数 z に関して点 P' で微分可能なとき，単に F は P' で微分可能であるといおう．$F \in C^0(D')$ が D' の各点で（z に関し）微分可能であるとき，導関数

$$\frac{dF}{dz} : D' \ni P' \longmapsto \frac{dF}{dz}(P')$$

が定まる．$\dfrac{dF}{dz}$ がさらに D' 上で連続であるとき，F は D' で正則（holomorph）であるといおう．D' 上の正則関数の全体を $O(D')$ と書く．とくに z 自身は正則関数である．$\dfrac{dz}{dz} \equiv 1$.

いまは，D' 全域で定義された関数に対しその正則性を定義したが，D' 内の開集合 U' で定義された関数に対しても同様にその正則性が定義できる：すなわち D' の開集合 U' で定義された複素数値をとる関数 F が U' で正則とは，任意の $P' \in U'$ に対し

$$\lim_{Q' \to P'} \frac{F(Q') - F(P')}{z(Q') - z(P')} = \frac{dF}{dz}(P')$$

が存在して $\dfrac{dF}{dz}$ が U' で連続であることである．

U' で正則な関数全体がつくる集合を $O(U')$ と書く．正則性は局所的な性質だから，つぎのことがわかる：

D' を有限個ないし無限個の開近傍 U'_i（$i = 1, 2, \cdots$）で覆っておくとしよう．$D' = \bigcup_{i=1}^{\infty} U'_i$. このとき $F \in C^0(D')$ が D' で正則であるためには，おのおのの U'_i に

対し F の U_i' への制限 $F|U_i'$ が U_i' で正則であることが必要かつ十分である．

とくに U' が十分小さくて，D の1つのコピアブルな開近傍 U の1つのコピーであるとき，被覆写像 z の U' への制限 $z|U'$ は U' から U の上への homeomorphism だから逆 $(z|U')^{-1}$ が定義できる．そしてこのとき $F \in O(U')$ ということと，$F \circ (z|U')^{-1}$ が領域 U 上で普通の関数論の意味で正則であるということとは同値である．

それゆえ，D' 上の関数 F が正則であるということはつぎのように定義することもできる：D 内の任意のコピアブルな小近傍 U をとり，D' における U のコピーの任意の1つを U' とする．被覆写像 z の U' への制限は U' から U への homeomorphism だから $(z|U')^{-1} : U \longrightarrow U'$ が作られる．任意の U と U' とに対し $F \circ (z|U')^{-1}$ が領域 U で（普通の関数論の意味で）正則なるとき F を D' で正則な関数という．

D' 上の"正則関数"に対しても，通常の複素関数論と同様の定理が，同様に証明される．

まず F，G が D' で正則なるとき $F \pm G$，$F \cdot G$ も D' で正則である．すなわち $O(D')$ は可換環をつくる．また

$$O(D') \ni F \quad \text{ならば} \quad \frac{dF}{dz}, \frac{d^2F}{dz^2}, \cdots \in O(D').$$

さらに F，$G \in O(D')$ と，D' の曲線 C に対して積分 $\displaystyle\int_C FdG$ をつぎのように定義する．

C 上に始点から終点に向って $n+1$ 個の点の列

$$P_0 = 始点, P_1, P_2, \cdots, P_{n-1}, P_n = 終点$$

をとり，C を小弧に分割する．各小弧 $\widehat{P_{i-1}P_i}$ 上に代表点 Q_i をとり，近似和

$$\sum_{i=1}^{n} F(Q_i)\{G(P_i) - G(P_{i-1})\}$$

を作る．分点を多くし各小弧を短くして，分割を細かくしていったときのこの近似和の極限を $\int_C FdG$ とするのである：

$$\int_C FdG = \lim_{(分割を細かく)} \{\sum_i F(Q_i)[G(P_i) - G(P_{i-1})]\}.$$

この極限の存在の証明は，通常の連続関数の定積分の存在の証明と同様であるから，ここにはのべない．(たとえば，高木貞治『解析概論』第V章§56を参考にしつつ自分で証明せよ．)

とくに G が関数 z であるときの

$$\int_C Fdz$$

が大切である．一般には

$$\int_C FdG = \int_C \left(F\frac{dG}{dz}\right) dz$$

であるから，$\int Fdz$ の形の積分だけ議論しておけばよい．

C が D' 内で zero-homotope な閉曲線であり，$F \in O(D')$ ならば，$\int_C F(z)dz = 0$ である (Cauchy).

またこの性質により，F の解析性が特徴づけられる (Morera)．これらの証明も，通常の関数論と同様である．

このことから，D' が単連結であるときは D' 内の2点 P', Q' に対し，

$$\int_{Q'}^{P'} F dz$$

が定まり，さらに $F \in O(D')$ に原始関数が存在することがわかる．

D' 上の正則関数 F は局所的には収束するベキ級数に展開される：A を D' 内の1点，P' を A の十分近くの点とするとき

$$F(P') = \sum_{n=0}^{\infty} \alpha_n (z(P') - z(A))^n$$

と書けるのである．

このことから正則関数 F が $F \not\equiv 0$ なら，その零点は D' 内に集積点をもたぬ．すなわちその零点の集合は D' 内で discrete である．そのことから $O(D')$ が整域であることがわかる．$O(D')$ の商体の元は D' 上の有理型関数である．ここで ψ が D' 上の有理型関数とは，

（i）D' から D' 内で discrete な点集合 $\{A_1, A_2, \cdots\}$ を除いた部分 $D' - \{A_1, A_2, \cdots\}$ で ψ が定義され，そこで正則である．

（ii）点 A_i の近傍で

$$\psi(P') = \sum_{n=-d_i}^{\infty} \alpha_n (z(P') - z(A_i))^n$$
$$= \frac{\alpha_{-d_i}}{(z(P') - z(A_i))^{d_i}} + \frac{\alpha_{-d_i+1}}{(z(P') - z(A_i))^{d_i-1}} + \cdots$$
$$+\alpha_0 + \alpha_1(z(P') - z(A_i))$$
$$+\alpha_2(z(P') - z(A_i))^2 + \cdots$$

と，負ベキ（$=$ 主要部）が有限和のローラン展開ができる，ということである．

D' 上の有理型関数の全体を $K(D')$ と書く．$K(D')$ は体である．

定理 15.1　D が複素平面 $\boldsymbol{C}$ 内の領域で，$D' \xrightarrow{z} D$ がその被覆のとき，$z^*(O(D)) \subset O(D')$ である．すなわち，D 上で正則な関数 F から作った $z^*(F) = F \circ z$ は D' 上の正則関数となる．さらに，

$$O(D') \cap z^*(C^0(D)) = z^*(O(D))$$

である．また $F \in O(D)$ に対し

$$z^*\left(\frac{dF}{dz}\right) = \frac{dz^*(F)}{dz}$$

が成り立つ．

証明　P', Q' を D' の 2 点とし，$z(P') = z$, $z(Q') = z_0$ とおく．

$F \in C^0(D)$ に対して

$$\frac{z^*(F)(P') - z^*(F)(Q')}{z(P') - z(Q')} = \frac{F(z(P')) - F(z(Q'))}{z(P') - z(Q')}$$
$$= \frac{F(z) - F(z_0)}{z - z_0}. \qquad (イ)$$

これはあたりまえな式である．

ここで $P' \to Q'$ のとき $z \to z_0$ となるから，

$$\lim_{P' \to Q'} \frac{z^*(F)(P') - z^*(F)(Q')}{z(P') - z(Q')}$$
$$= \lim_{z \to z_0} \frac{F(z) - F(z_0)}{z - z_0} = \frac{dF}{dz}(z_0).$$

すなわち，もし F が z_0 で微分可能なら，$z^*(F)$ も Q' で微分可能で，微分係数は

$$\frac{dz^*(F)}{dz}(Q') = \frac{dF}{dz}(z_0) = \frac{dF}{dz}(z(Q'))$$

となる．それゆえ，F が D で正則なら $z^*(F)$ が D' で正則で，導関数は

$$\frac{dz^*(F)}{dz}(P') = \frac{dF}{dz}(z(P')) = z^*\left(\frac{dF}{dz}\right)(P').$$

すなわち

$$\frac{d(z^*F)}{dz} = z^*\left(\frac{dF}{dz}\right)$$

となる．

逆に等式（イ）において，z_0 のコピアブルな近傍 U をとり，Q' を含む U のコピーを U' とし，$z \in U$，$P' \in U'$

とするならば，$z \to z_0$ のとき，$P' \to Q'$ となる．それゆえ，もし $z^*(F)$ が Q' で微分可能なら

$$\lim_{z \to z_0} \frac{F(z) - F(z_0)}{z - z_0} = \lim_{P' \to Q'} \frac{z^*(F)(P') - z^*(F)(Q')}{z(P') - z(Q')} = \frac{dz^*(F)}{dz}(Q')$$

が存在するから，F が z_0 で微分可能で，微分係数は $\dfrac{dz^*(F)}{dz}(Q')$ である．ゆえに，もし $z^*(F)$ が正則なら $\dfrac{dz^*(F)}{dz}$ は Q' の連続関数だから，F も正則となる．このことは $z^*(C^0(D)) \cap O(D') = z^*(O(D))$ を意味する．

Q. E. D.

定理 15.2 $D \subset \boldsymbol{C}; D' \xrightarrow{z} D$ をガロア被覆とし，その被覆変換群を $\Gamma = \Gamma(D' \xrightarrow{z} D)$ と書く．このとき，$F' \in O(D')$，$\gamma \in \Gamma$ に対し，$\gamma^*(F')$ も正則で，

$$\frac{d\gamma^*(F')}{dz} = \gamma^*\left(\frac{dF'}{dz}\right) \quad (\forall \gamma \in \Gamma)$$

が成立する．また

$$z^*(O(D)) = O(D')^{\Gamma}$$

が成立する．ここで $O(D')^{\Gamma} \underset{(定義)}{=} O(D') \cap C^0(D')^{\Gamma}$ である．

証明 被覆変換の定義から，$\Gamma \ni \gamma$ なら $z = z \circ \gamma$ である．それゆえ，2点 $P', Q' \in D'$ に対し $\gamma(P') = R'$，$\gamma(Q') = S'$ とおいて，

$$\frac{\gamma^*(F')(P')-\gamma^*(F')(Q')}{z(P')-z(Q')} = \frac{F'(\gamma(P'))-F'(\gamma(Q'))}{z\circ\gamma(P')-z\circ\gamma(Q')}$$
$$= \frac{F'(R')-F'(S')}{z(R')-z(S')}.$$

$(P'\to Q')\Longleftrightarrow(R'\to S')$ であるから，

$$\lim_{P'\to Q'}\frac{\gamma^*(F')(P')-\gamma^*(F')(Q')}{z(P')-z(Q')}$$
$$=\lim_{R'\to S'}\frac{F'(R')-F'(S')}{z(R')-z(S')}.$$

すなわち $\gamma^*(F')$ も正則で

$$\frac{d\gamma^*(F')}{dz}(Q') = \frac{dF'}{dz}(S') = \frac{dF'}{dz}(\gamma(Q'))$$
$$= \gamma^*\left(\frac{dF'}{dz}\right)(Q')$$

つまり

$$\frac{d\gamma^*(F')}{dz} = \gamma^*\frac{dF'}{dz}$$

である．

さらに，定理 14. 1 と定理 15. 1 とより

$$z^*(O(D)) = O(D')\cap z^*(C^0(D)) = O(D')\cap C^0(D')^{\Gamma}$$
$$= O(D')^{\Gamma}$$

である．　　　　　　　　　　　　　　Q. E. D.

この定理 15. 2 の前半により，Γ の元 γ は $O(D')$ の環同型 γ^* をひきおこす．すなわち

(1)　$\gamma^*(O(D'))=O(D')$.

(2)　$\gamma^*(F' \pm G') = \gamma^*(F') \pm \gamma^*(G')$,

$\gamma^*(F' \cdot G') = \gamma^*(F') \cdot \gamma^*(G')$

である．((2) は先週証明した．)

さらに γ^* は有理型関数の体 $K(D')$ の自己同型をひきおこす．有理型関数 $\psi \in K(D')$ が $\{A_1, A_2, A_3, \cdots\}$ を極とし，$D'_0 = D' - \{A_1, A_2, A_3, \cdots\}$ で正則であるとき，

$$\gamma^{-1}(D'_0) = D' - \{\gamma^{-1}(A_1), \gamma^{-1}(A_2), \gamma^{-1}(A_3), \cdots\}$$

で定義された関数 $\psi \circ (\gamma|_{\gamma^{-1}(D'_0)})$ は自然に $\{\gamma^{-1}(A_i)\}$ を極とする D' 上の有理型関数となるから，それを $\gamma^*(\psi)$ と書くのである．ここで $(\gamma|_{\gamma^{-1}(D'_0)})$ は γ の $\gamma^{-1}(D'_0)$ への制限をあらわす．$\gamma^*(\psi) = \psi \circ (\gamma|_{\gamma^{-1}(D'_0)})$ のことを $\psi \circ \gamma$ と書くこともあるが，このように略記しても混乱はあるまい．

実は有理型関数は D' からリーマン球面 $\boldsymbol{C} \cup \{\infty\}$ への holomorph な写像とみなせる．そう見れば，ψ に対して $\psi \circ \gamma$ はふつうの写像の合成としてもはっきり定義できる．

このように定義した $\psi \longmapsto \gamma^*(\psi)$ $(\psi \in K(D'))$ が体 $K(D')$ の自己同型であることは，いうまでもあるまい．すなわち，つぎの (3), (4), (5) が成り立つ．

(3)　$\gamma^*(K(D')) = K(D')$.

(4)　$\gamma^*(\varphi \pm \psi) = \gamma^*(\varphi), \pm \gamma^*(\psi)$,

$\gamma^*(\varphi \cdot \psi) = \gamma^*(\varphi) \cdot \gamma^*(\psi)$,　$(\varphi, \psi \in K(D'))$.

(5)　さらに $\psi \neq 0$ であれば $\gamma^*(\varphi/\psi) = \gamma^*(\varphi)/\gamma^*(\psi)$.

なお，つぎの (6) も容易にたしかめられる．

(6)　$(\gamma_1\gamma_2)^* = \gamma_2^* \circ \gamma_1^*$,　$(\gamma_1, \gamma_2 \in \Gamma)$.

すなわち，$\gamma \longmapsto \gamma^*$ は群 Γ から体 $K(D')$ の自己同型群の中への逆準同型である．

定理 15.3　$D' \xrightarrow{z} D \subset \boldsymbol{C}$ がガロア被覆，$\Gamma = \Gamma(D' \xrightarrow{z} D)$ のとき，

$$z^*(K(D)) = K(D')^{\Gamma}.$$

左右辺の定義は自明であろう．

証明　$z^*(K(D)) \subset K(D')^{\Gamma}$ は自明である．$K(D')^{\Gamma}$ から ψ をとり出す．ψ の極を $\{A_1', A_2', \cdots\}$ とする．Γ から任意に γ をとり出せば $\gamma^*(\psi)$ の極は $\{\gamma^{-1}(A_1'), \gamma^{-1}(A_2'), \cdots\}$ であるが，いま仮定により $\psi = \gamma^*(\psi)$ なのだから $\{\gamma^{-1}(A_1'), \gamma^{-1}(A_2'), \cdots\}$ は全体として $\{A_1', A_2', \cdots\}$ と一致する：

$$\{\gamma^{-1}(A_i') \,|\, i=1, 2, \cdots\}=\{A_i' \,|\, i=1, 2, \cdots\}, \quad (\forall\gamma\in\Gamma).$$

すなわち A_i' が極なら，A_i' の任意の共役点も極である．それゆえ，$\{z(A_i') \,|\, i=1, 2, \cdots\}$ のうち異なるものを $\{a_1, a_2, a_3, \cdots\}$ とすれば，

$$\{A_i' \mid i = 1, 2, \cdots\} = z^{-1}(a_1) \cup z^{-1}(a_2) \cup z^{-1}(a_3) \cup \cdots$$

である．いま $D-\{a_1, a_2, a_3, \cdots\}=E$, $D'-\{A_1', A_2', \cdots\}=E'$ とおこう．z の E' への制限をやはり z と書けば，上述から z は E' を E の上に写す．そして明らかに $E' \xrightarrow{z} E$ は被覆であるが，さらにこれもガロア被覆であって，被覆変換群 Γ と同一視されることが容易に証明される．

$$\begin{array}{ccc} E' & \subset & D' \\ \downarrow & \Gamma & \downarrow \\ E & \subset & D \end{array}$$

ところで，ψ は E' 上の正則関数と見なせる：$\psi \in O(E')$．それゆえ定理 15.2 より，

$$\psi = z^*(\phi), \quad \phi \in O(E)$$

と書ける．ψ が D' では局所的に主要有限和のローラン展開ができることに着目すれば ϕ も D で有理型でなければならぬことがわかる．それゆえ，

$$\psi = z^*\phi = \phi \circ z, \quad \phi \in K(D). \qquad \text{Q.E.D.}$$

定理 15.4 $D' \xrightarrow{z} D \subset \boldsymbol{C}$ がガロア被覆のとき，$K(D') \ni \psi$ に対しても

$$\gamma^* \frac{d\psi}{dz} = \frac{d(\gamma^*\psi)}{dz}, \quad \forall \gamma \in \Gamma = \Gamma(D' \xrightarrow{z} D)$$

が成立する．

これは自明であろう．

$z^* : F \longmapsto z^*(F)$ は injective な環同型である．それゆえ，$z^*(F)$ と F とを同一視することができる．そうすると $C^0(D) \subset C^0(D')$，$O(D) \subset O(D')$，$K(D) \subset K(D')$ ということになる．さらに $\dfrac{d}{dz}(z^*(F)) = z^*\left(\dfrac{dF}{dz}\right)$ であるから，同一視 $z^*(F) = F$ は微分という作用 $\dfrac{d}{dz}$ とも矛盾しない．すなわち F を D 上の関数として微分しても D' 上の関数とみて微分しても結果は（再び上の同一視に

より）同じである．この同一視をした上で，上述のおのおのを式に書くと，

定理 15.5

（1）　$\mathcal{O}(D)=\mathcal{O}(D')\cap C^0(D)$.

（2）　$D' \xrightarrow{z} D$ がガロア被覆のとき $\Gamma=\Gamma(D' \xrightarrow{z} D)$ として

$$\mathcal{O}(D)=\mathcal{O}(D')^{\Gamma}$$
$$K(D)=K(D')^{\Gamma}.$$

である．

以下の週では，この同一視を行なうものとする．

解けるか　解けぬか

第16週　微分方程式

D が $\boldsymbol{C}$ 内の単連結な領域であるばあい，D 上の線型常微分方程式に対して，つぎの解の存在定理が成立する．

定理 16.1　$\boldsymbol{C} \supset D$ は単連結とする．P，Q を D 上で正則な関数として，つぎの斉次線型微分方程式を考える．

(♯) $$\frac{d^2w}{dz^2} + P(z)\frac{dw}{dz} + Q(z)w = 0.$$

D 内に基点 z_0 を定め，$z = z_0$ における初期条件

(∗) $$\left.\begin{aligned} w(z_0) &= \alpha \\ \frac{dw}{dz}(z_0) &= \beta \end{aligned}\right\}$$

を任意に指定しよう．そのとき，微分方程式 (♯) と初期条件 (∗) を満たす D 上の正則関数がただ1つ存在する．

証明はどの微分方程式の本にも出ている．たとえば，[13] を参照されたい．

(♯) の解はもちろん初期条件 (∗) により一意的に定まるから，それを $w(z; z_0, \alpha, \beta)$ と書いたりする．

いま，初期条件のことは忘れ，微分方程式 ($\sharp$) だけを考えて，($\sharp$) の解の全体を $V_\sharp$ と書こう．($\sharp$) は斉次線型微分方程式だから，よく知られているように，$V_\sharp$ は複素数体 $\boldsymbol{C}$ 上の線型空間をつくる：すなわち

$$\left.\begin{array}{r} V_\sharp \ni w_1, w_2, \cdots, w_m \\ \boldsymbol{C} \ni \lambda_1, \lambda_2, \cdots, \lambda_m \end{array}\right\} \Rightarrow \sum_{i=1}^{m} \lambda_i w_i \in V_\sharp.$$

証明　$V_\sharp \ni w_i$ のとき

$$\frac{d^2 w_i}{dz^2} + P\frac{dw_i}{dz} + Qw_i = 0.$$

これらに λ_i をかけて加えれば

$$\frac{d^2}{dz^2}\left(\sum \lambda_i w_i\right) + P\frac{d}{dz}\left(\sum \lambda_i w_i\right) + Q\left(\sum \lambda_i w_i\right) = 0.$$

ゆえに $\sum \lambda_i w_i$ も ($\sharp$) の解である．　　　　Q. E. D.

微分方程式 ($\sharp$) が2階であるから，この線型空間 $V_\sharp$ が ($\boldsymbol{C}$ 上) 2次元であることはよく知られている：

$$\dim_{\boldsymbol{C}}(V_\sharp) = 2^*.$$

つぎには，被覆面での微分方程式を考察しよう．今度は

---

*　このことの証明はつぎのようにやればよい．$V_\sharp \ni w$ に対し，2次元数ベクトル $\begin{pmatrix} w(z_0) \\ \dfrac{dw}{dz}(z_0) \end{pmatrix}$ を対応させる写像

$$\Psi : V_\sharp \ni w \longmapsto \psi(w) = \begin{pmatrix} w(z_0) \\ \dfrac{dw}{dz}(z_0) \end{pmatrix} \in \boldsymbol{C}^2$$

を考える．明らかに Ψ は $V_\sharp$ から $\boldsymbol{C}^2$ への線型写像である．また $\begin{pmatrix} \alpha \\ \beta \end{pmatrix}$ を任意の2次元数ベクトルとするとき，上述の存在定理に

D を $\boldsymbol{C}$ の領域で必ずしも単連結とは限らぬものとしよう．D の普遍被覆を $\tilde{D} \xrightarrow{z} D$ と書く．この週以後は $\tilde{D}$ の点を小文字を用いて $\tilde{p}, \tilde{p}_0, \cdots$ などとあらわす．$\tilde{D}$ は単連結であるから，上述と同様につぎの定理が成り立つ：

定理 16.2　$\tilde{D} \xrightarrow{z} D \subset \boldsymbol{C}$ を普遍被覆とし，$\boldsymbol{P}$，$\boldsymbol{Q}$ を $\tilde{D}$ 上で正則な関数とする．また $\tilde{p}_0$ を $\tilde{D}$ の1点，α，β を任意の複素数とする．そのとき微分方程式

$$(\tilde{\sharp}) \qquad \frac{d^2w}{dz^2}(\tilde{p}) + \boldsymbol{P}(\tilde{p})\frac{dw}{dz}(\tilde{p}) + \boldsymbol{Q}(\tilde{p})w(\tilde{p}) = 0$$

と，初期条件

$$(\tilde{*}) \qquad \left.\begin{array}{r} w(\tilde{p}_0) = \alpha \\ \dfrac{dw}{dz}(\tilde{p}_0) = \beta \end{array}\right\}$$

を満足する，$\tilde{D}$ 上の解析関数 $w = (\tilde{p}; \tilde{p}_0, \alpha, \beta)$ がただ1つ存在する．

いま，初期条件 $(\tilde{*})$ は忘れ，微分方程式 $(\tilde{\sharp})$ だけを考える．その解の全体を $V_{\tilde{\sharp}}$ と書くと，それは $\boldsymbol{C}$ 上2次元の線型空間である．

証明は $\boldsymbol{C}$ 内の領域であるばあいと全く同様であるから

より $\begin{pmatrix} w(z_0) \\ \dfrac{dw}{dz}(z_0) \end{pmatrix} = \begin{pmatrix} \alpha \\ \beta \end{pmatrix}$ となる $w \in V_\sharp$ がただ1つ存在する．それゆえ ψ は onto で1対1である．ゆえに $V_\sharp \underset{\psi}{\cong} \boldsymbol{C}^2$，ゆえに $\dim_C V_\sharp = 2$ である．　Q.E.D.

略す．

さて，これまでの議論では，微分方程式 $(\tilde{\sharp})$ の係数関数 $\boldsymbol{P}$，$\boldsymbol{Q}$ は $\mathrm{O}(\tilde{D})$ の要素であれば何でもよかったのであったが，これからの議論では，とくに $\boldsymbol{P}$，$\boldsymbol{Q}$ が $O(D)$ に含まれるばあいを考察する．つまり先週のべたように，$O(D)=z^*O(D)\subset O(\tilde{D})$ と見なせるのだったが，以下 $\boldsymbol{P}$，$\boldsymbol{Q}$ がこの部分空間 $O(D)$ に属していると仮定するのである．詳しく書くと，D 上で正則な関数 P，Q があり，$\boldsymbol{P}(\tilde{p})=P(z(\tilde{p}))$，$\boldsymbol{Q}(\tilde{p})=Q(z(\tilde{p}))$ と書けるということである．それゆえ，微分方程式 $(\tilde{\sharp})$ は

$$(\tilde{\sharp})\qquad \frac{d^2w}{dz^2}(\tilde{p})+P(z(\tilde{p}))\frac{dw}{dz}(\tilde{p})+Q(z(\tilde{p}))w(\tilde{p})=0$$

であるが，これを

$$(\sharp)\qquad \frac{d^2w}{dz^2}+P(z)\frac{dw}{dz}+Q(z)w=0$$

と略記しよう．このように略記すれば $(\sharp)$ は“D 上の微分方程式”の形をしている．しかし，D が単連結とは限らぬから，その解 w は D 上の関数となるとは限らぬのである．それは一般には $\tilde{D}$ 上の関数でしかない．$(\tilde{\sharp})=(\sharp)$ の解の全体を $V_{\tilde{\sharp}}$ とも $V_{\sharp}$ とも書くことにしよう．$V_{\sharp}\subset O(\tilde{D})$ で，これは 2 次元の線型空間である．

$\tilde{D}\xrightarrow{z}D$ は普遍被覆だから，被覆変換群 $\Gamma(\tilde{D}\xrightarrow{z}D)$ は D の基本群 $\pi_1(D;O)$ と同型である．$\Gamma(\tilde{D}\xrightarrow{z}D)$ を Γ と略記する．Γ の任意の元 γ に対し，先週定義した $\gamma^*:K(\tilde{D})\to K(\tilde{D})$ を考え，これを $(\tilde{\sharp})$ の両辺に適用し

てみると：

$$0=\gamma^*(0)=\gamma^*\left(\frac{d^2w}{dz^2}+\boldsymbol{P}\frac{dw}{dz}+\boldsymbol{Q}w\right)$$
$$=\frac{d^2(\gamma^*w)}{dz^2}+\gamma^*(\boldsymbol{P})\frac{d(\gamma^*w)}{dz}+\gamma^*(\boldsymbol{Q})(\gamma^*w)$$

である．ところが $\boldsymbol{P}$，$\boldsymbol{Q}\in O(D)$ であるから，定理 15.2 により $\gamma^*\boldsymbol{P}=\boldsymbol{P}$，$\gamma^*\boldsymbol{Q}=\boldsymbol{Q}$ で，したがって上式は，

$$0=\frac{d^2(\gamma^*w)}{dz^2}+\boldsymbol{P}\frac{d(\gamma^*w)}{dz}+\boldsymbol{Q}(\gamma^*w)$$

となる．すなわち γ^*w も微分方程式 $(\tilde{\sharp})=(\sharp)$ の解となる．まとめて

> **定理 16.3**
>
> $$\left.\begin{array}{r} V_\sharp\ni w \\ \varGamma\ni\gamma \end{array}\right\}\overset{\text{であれば}}{\Longrightarrow}\gamma^*w\in V_\sharp \text{である．}$$

すなわち，$\gamma^*:K(\tilde{D})\to K(\tilde{D})$ を $V_\sharp$ へ制限したもの $\gamma^*\,|\,V_\sharp$ は $V_\sharp$ を $V_\sharp$ の中に写す．以下この $\gamma^*\,|\,V_\sharp$ も γ^* と略記する．

$\gamma^*(\lambda_1w_1+\lambda_2w_2)=\lambda_1\gamma^*w_1+\lambda_2\gamma^*w_2$ であったから（定理 14.1 参照），$\gamma^*:V_\sharp\to V_\sharp$ は，$V_\sharp$ の線型写像である．とくに，γ が単位元 1 であるとき 1^* は $V_\sharp$ の恒等写像であることは明らかである．$(\gamma_1\gamma_2)^*=\gamma_2^*\gamma_1^*$ だから，とくに $\gamma_1=\gamma$，$\gamma_2=\gamma^{-1}$ とおくと $1^*=(\gamma^{-1})^*\gamma^*$．それゆえ γ^* は逆をもって $(\gamma^*)^{-1}=(\gamma^{-1})^*$ である．それゆえ γ^* は $V_\sharp$ の linear automorphism（線型自己同型または正則

1次変換）である．

ここでγの逆元γ^{-1}に対応する，この正則1次変換$(\gamma^{-1})^*$を$\mathfrak{M}(\gamma)$とも書くことにしよう．そうすると，公式$(\gamma_1\gamma_2)^* = \gamma_2^*\gamma_1^*$から直ちに$\mathfrak{M}(\gamma_1\gamma_2) = \mathfrak{M}(\gamma_1)\mathfrak{M}(\gamma_2)$が成立することがわかる．このことは，群$\Gamma$の要素$\gamma$に線型変換$\mathfrak{M}(\gamma)$を対応させる対応：

$$\mathfrak{M} : \gamma \longmapsto \mathfrak{M}(\gamma)$$

が群Γの線型表現であることを意味する．

この表現$\mathfrak{M}$を（♯）のmonodromy表現ということにする．$\mathfrak{M}(\gamma)$は線型変換だから，$V_\sharp$に基底$[w_1, w_2]$を1組固定しておけば，それは2×2行列であらわされる．その行列を$M(\gamma) = \begin{pmatrix} a(\gamma) & b(\gamma) \\ c(\gamma) & d(\gamma) \end{pmatrix}$と書こう．それは

$$\begin{aligned}(\mathfrak{M}(\gamma)w_1, \mathfrak{M}(\gamma)w_2) &= (\gamma^{-1*}w_1, \gamma^{-1*}w_2) \\ &= (w_1, w_2)\begin{pmatrix} a(\gamma) & b(\gamma) \\ c(\gamma) & d(\gamma) \end{pmatrix}\end{aligned}$$

によって定められる．対応

$$M : \Gamma \ni \gamma \longmapsto M(\gamma) \in GL(2, \boldsymbol{C})$$

は，Γの行列による表現である．ここで$GL(2, \boldsymbol{C})$はnon-singularな2×2複素行列全体が作る群をあらわす．もちろん座標系$[w_1, w_2]$をとりかえれば，行列表現Mの形は変わる．その変わり方は座標変換の行列をTとすればよく知られているように，$M \longmapsto T^{-1}MT$である．

定義　$\mathfrak{M}$を微分方程式（♯）におけるmonodromy表現

とする．$V_\sharp$ に適当な座標系 $[w_1, w_2]$ をえらぶことにより，対応する行列表現 M を

$$\gamma \longmapsto M(\gamma) = \begin{pmatrix} a(\gamma) & b(\gamma) \\ 0 & d(\gamma) \end{pmatrix}$$

の形にすることができるとき，$\mathfrak{M}$ を三角化可能（triangulable）な表現であるという．

第 17 週　微分方程式の初等的解法

まず，関数の集合 Σ を考え，Σ に属する関数を“既知関数”とよぶ．また定数はみな“既知関数”と考える．

つぎに，いくつかの関数 $F_1, F_2, \cdots$ につぎのような操作をほどこして，新しい関数を作り出す手続きを考えよう．

（ i ）　四則と 1 次結合：

$$\begin{cases} F_1, F_2 \longrightarrow F_1 + F_2, \\ F_1, F_2 \longrightarrow F_1 - F_2, \\ F_1, F_2 \longrightarrow F_1 \cdot F_2, \\ F_1, F_2 \longrightarrow F_1 / F_2. \end{cases}$$

$$F_1, F_2 \longrightarrow \lambda_1 F_1 + \lambda_2 F_2,$$

（ ii ）　微分 : $F \longrightarrow \dfrac{dF}{dz}$.

（iii）　不定積分 : $F(z) \longrightarrow \displaystyle\int F(z)dz$.

（iv）　exp 作用素 : $F(z) \longrightarrow e^{F(z)}$.

いくつかの関数 $F_1, F_2, \cdots$ から出発して，これらの操作（ i ）（ ii ）（iii）（iv）を有限回ほどこして新関数を作り出してゆく操作のことを，L_0 型の操作といおう．たとえば，3 つの関数 F_1, F_2, F_3 から出発して

$$\{F_1, F_2, F_3\} \begin{array}{l} \xrightarrow{\text{(i)}} F_1+F_2 \\ \xrightarrow[\text{(iii)}]{} \displaystyle\int F_3 dz \end{array} \left.\vphantom{\int}\right\} \xrightarrow[\text{(i)}]{} (F_1+F_2)\int F_3 dz$$

$$\int F_3 dz \xrightarrow{\text{(iv)}} e^{\int F_3 dz} \qquad \xrightarrow[\text{(i)}]{} \frac{(F_1+F_2)\displaystyle\int F_3 dz}{e^{\int F_3 dz}}$$

のようにして，$\dfrac{(F_1+F_2)\displaystyle\int F_3 dz}{e^{\int F_3 dz}}$ を作り出す操作は L_0 型である．“既知関数”の集合 Σ の要素たちに，L_0 型の操作をほどこしてできる関数のことを，“Σ の上に L_0 型な関数”といい，そのような関数の全体を $L_0(\Sigma)$ と書く．たとえば $\Sigma=\{F_1, F_2, F_3\}$ のとき，

$$L_0(\Sigma) \ni \frac{(F_1+F_2)\displaystyle\int F_3 dz}{e^{\int F_3 dz}},$$

$$e^{-\int F_1 dz}\int F_2 e^{\int F_1 dz} dz, \quad \frac{dF_1}{dz} e^{\left(\int F_2 dz\right)^{e^{\int F_3 dz}}}$$

など．

上記（i）（ii）（iii）（iv）に，さらに第5の操作

（v）　代数演算つまり　$F \longrightarrow \sqrt{F}$　や

$F \longrightarrow \sqrt[n]{F}$　や

一般に代数方程式を解く操作

$F_1, \cdots, F_n \longrightarrow$

$$\psi^n + F_1\psi^{n-1} + F_2\psi^{n-2} + \cdots + F_n = 0 \text{ の解 } \psi$$

を加えて，(i)(ii)(iii)(iv)(v) を有限回適用することを L 型の操作という．Σ から L 型の操作により得られる関数を Σ 上に L 型の関数といい，それらの全体を $L(\Sigma)$ と書く．$L(\Sigma) \supset L_0(\Sigma)$ である．たとえば $\Sigma = \{F_1, F_2, F_3\}$ のとき

$$L(\Sigma) \ni \sqrt[7]{e^{-\int F_1 dz} \int F_2 e^{\int F_1 dz} + \sqrt[5]{F_3} + \sqrt{\frac{dF_2}{dz}}}$$

など．

L_0 や L の L の文字は Liouville（リュービル）に敬意を表したのである．

さて，微分方程式

$$\frac{d^2w}{dz^2} + P(z)\frac{dw}{dz} + Q(z)w = 0$$

において，$P(z), Q(z)$ は "既知関数" の集合 Σ に属しているとする．さらにこの微分方程式の解がすべて Σ 上 L_0 型の関数であるとき，この微分方程式は Σ 上 L_0 型であるという．また解がすべて Σ 上 L 型の関数であるとき，この微分方程式は Σ 上 L 型であるという．

予備定理 17.1　微分方程式 $\frac{d^2w}{dz^2} + P\frac{dw}{dz} + Qw = 0$ の 1 つの 0 でない解が Σ 上 L_0 型なら，この方程式のすべての解が Σ 上 L_0 型である．つまり，この微

分方程式は L_0 型である．ただし，$P, Q \in \Sigma$ とする．
この命題において文字 L_0 を L におきかえた命題も同様に成立する．

証明　1つの L_0 型の解を w_1 とする．任意関数 w に対し $\dfrac{w}{w_1}=u$ とおくと，$w=w_1u$．微分して

$$\frac{dw}{dz}=\frac{dw_1}{dz}u+w_1\frac{du}{dz}.$$

$$\frac{d^2w}{dz^2}=\frac{d^2w_1}{dz^2}u+2\frac{dw_1}{dz}\frac{du}{dz}+w_1\frac{d^2u}{dz^2}.$$

$$\begin{aligned}\therefore\ &\frac{d^2w}{dz^2}+P\frac{dw}{dz}+Qw\\ &=\left(\frac{d^2w_1}{dz^2}+P\frac{dw_1}{dz}+Qw_1\right)u+2\frac{dw_1}{dz}\frac{du}{dz}\\ &\quad+w_1\frac{d^2u}{dz^2}+Pw_1\frac{du}{dz}\\ &=w_1\frac{d^2u}{dz^2}+2\frac{dw_1}{dz}\frac{du}{dz}+Pw_1\frac{du}{dz}.\end{aligned}$$

↑
（w_1 は解だから第1項の（　）は0となる.）

それゆえ

$$w\text{ が解である}\iff w_1\frac{d^2u}{dz^2}+\left(2\frac{dw_1}{dz}+Pw_1\right)\frac{du}{dz}=0$$

$$\iff\frac{d^2u}{dz^2}+\left(\frac{2}{w_1}\frac{dw_1}{dz}+P\right)\frac{du}{dz}=0$$

（これは $\dfrac{du}{dz}$ に関する1階線型微分方程式だから変数分離型で

解ける．$\dfrac{du}{dz}=v$ とおく．）

$$\iff \frac{1}{v}\frac{dv}{dz}=2\frac{-1}{w_1}\frac{dw_1}{dz}-P$$

$$\iff \log v=-2\log w_1-\int Pdz+C$$

$$\iff \frac{du}{dz}=v=w_1^{-2}e^{-\int Pdz+C}$$

$$\iff u=\int w_1^{-2}e^{-\int Pdz+C}dz+C'$$

$$\iff w=w_1u=w_1\cdot\int w_1^{-2}e^{-\int P(z)dz+C}dz+C'$$

つまりすべての解はこの形に書ける．

ゆえに，w_1 が Σ 上に L_0 型ならば，この式に見られる通り，すべての解が L_0 型になる．

L 型についても同様である．　　　　　　　　Q. E. D.

以下，$\Sigma=K(D)$ としよう．つまり，D 上の 1 価正則関数は皆既知とするのである．しかし $\tilde{D}$ 上の関数は未知と考えるのである．そして，最初に考えた微分方程式

$$(\sharp)=(\tilde{\sharp}):\frac{d^2w}{dz^2}+P(z)\frac{dw}{dz}+Q(z)w=0,$$

$$P,Q\in O(D)$$

が $\Sigma=K(D)$ 上 L_0（or L）型であるかどうかを考える．

> **定理 17.2**　(♯)=($\tilde{♯}$) が $\Sigma = K(D)$ 上 L_0 型であるためには，(♯) の monodromy 表現 $\mathfrak{M}$ が，三角化可能であることが必要かつ十分である.

必要性の証明は，かなりむつかしいから，ここでは述べない．十分性の証明はやさしいから，それを述べる．モノドロミー表現 $\mathfrak{M}$ が三角化可能だという仮定から，(♯) が Σ 上 L_0 型であることを導くのである．$\mathfrak{M}$ が三角化可能だというのだから，$V_\sharp$ に適当な base$[w_1, w_2]$ をとれば，任意の $\gamma \in \Gamma$ に対して

$$(\gamma^{-1*}w_1, \gamma^{-1*}w_2) = (\mathfrak{M}(\gamma)w_1, \mathfrak{M}(\gamma)w_2)$$
$$= (w_1, w_2)\begin{pmatrix} a(\gamma) & b(\gamma) \\ 0 & d(\gamma) \end{pmatrix}$$

となる．すなわち

$$\begin{cases} w_1 \circ \gamma^{-1} = \gamma^{-1*}w_1 = w_1 a(\gamma) & (\text{イ}) \\ w_2 \circ \gamma^{-1} = \gamma^{-1*}w_2 = w_1 b(\gamma) + w_2 d(\gamma) & (\text{ロ}) \end{cases}$$

である．この第1式（イ）$\gamma^{-1*}w_1 = w_1 a(\gamma)$ の両辺を微分して

$$\frac{dw_1}{dz}a(\gamma) = \frac{d\gamma^{-1*}w_1}{dz} = \gamma^{-1*}\frac{dw_1}{dz} \qquad (\text{ハ})$$

をうる．（イ）と（ハ）の比をとれば

$$\frac{\dfrac{dw_1}{dz}}{w_1} = \frac{\gamma^{-1*}\dfrac{dw_1}{dz}}{\gamma^{-1*}w_1} = \gamma^{-1*}\frac{\dfrac{dw_1}{dz}}{w_1} \qquad (\text{ニ})$$

となる．それゆえ

$$\frac{\frac{dw_1}{dz}}{w_1} = A$$

とおけば，$A \in K(\tilde{D})$ はもちろんであるが，（ニ）はΓの任意の元γに対し

$$\gamma^{-1*}(A) = A \qquad （ニ）'$$

が成立することを意味するから，定理15.5より

$$A \in K(D)$$

である．それゆえAは$K(D)$の元（既知関数！）である．

さて，$A = \frac{\frac{dw_1}{dz}}{w_1}$の両辺を積分して

$$\int Adz + C = \log w_1.$$

$$\therefore \qquad w_1 = e^{\int Adz+C}.$$

それゆえw_1は既知関数AからL_0型の操作でえられる．

ゆえに$V_\sharp$は，Σ上L_0型の解w_1をともかくも持っている．それゆえ予備定理17.1により，$V_\sharp$の解はみなΣ上L_0型である．つまり（$\sharp$）はΣ上L_0型である．

Q. E. D.

第18週　確定特異点

まず微分方程式の確定特異点について基礎的な諸項を復習しよう．

複素平面 $\boldsymbol{C}$ の1点 a を中心とする半径 ε の開円板 $U=U(a;\varepsilon)$ を考える．U から中心 $\{a\}$ をとり除いた $U-\{a\}$ を U_a と書き，このような領域を“5円玉”ということにする．U_a に1点 b をとり，その普遍被覆を，$(\tilde{U}_a,\tilde{b})\xrightarrow{z}(U_a,b)$ とする．$\tilde{U}_a$ をラセン階段といおう．簡単のため $b-a$ は正の実数としておこう．

$\tilde{U}_a$ の1点 $\tilde{p}$ に対し，点 $\tilde{p}$ の偏角 $\arg(\tilde{p})$ をつぎのように定める．まず $\tilde{b},\tilde{p}$ を結ぶ $\tilde{U}_a$ 内の曲線を $\tilde{C}$ とし，その U_a へのオッコトシ・トレース $z(\tilde{C})$ を C と書く．C は b を始点とし $z(\tilde{p})$ を終点とする U_a 内の曲線である．C の homotopy class は $\tilde{p}$ にのみ依存して定まり，結ぶ曲線 $\tilde{C}$ のとり方によらない．（$\tilde{U}_a$ が普遍被覆面であるから．）C 上を b から $z(\tilde{p})$ まで動く動点 Q が中心 a のまわりに掃く角度を $\arg(\tilde{p})$ と書くのである．$\tilde{p}$ が $\tilde{U}_a$ 内の中を動くとき $\arg(\tilde{p})$ の変域は $(-\infty,\infty)$ である．また，$\tilde{p}\in\tilde{U}_a$ に対し，$|z(\tilde{p})-a|$ を点 $\tilde{p}$ までの径といい，$r(\tilde{p})=r(\tilde{p};a)$ で表わすことにする．$0<r(\tilde{p})<\varepsilon$ である．

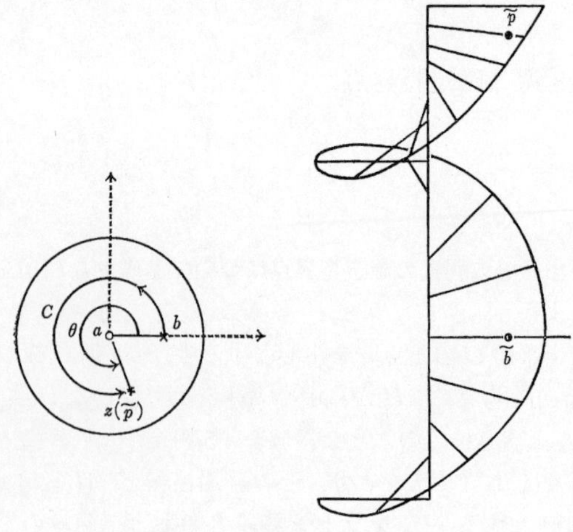

図 18.1

$\tilde{U}_a$ の点 $\tilde{p}$ は $\arg(\tilde{p})$ と $r(\tilde{p})$ とによって定まる．$r(\tilde{p})$ と $\arg(\tilde{p})$ とを並べた数の対 $[r(\tilde{p}), \arg(\tilde{p})]$ を点 $\tilde{p} \in \tilde{U}_a$ の極座標という．

いうまでもなく，$\tilde{p}_1, \tilde{p}_2 \in \tilde{U}_a$ が互いに共役である（すなわち，$z(\tilde{p}_1) = z(\tilde{p}_2)$）ためには $r(\tilde{p}_1) = r(\tilde{p}_2)$ と $\arg(\tilde{p}_1) \equiv \arg(\tilde{p}_2) (\mathrm{mod}\ 2\pi)$ とが成立することが必要かつ十分である．

$\tilde{U}_a$ 上の関数

$$\tilde{p} \longmapsto \log(r(\tilde{p}; a)) + i \arg(\tilde{p})$$

を $\log(z-a)$ と書く：

$$(\log(z-a))(\tilde{p}) = \log(r(\tilde{p}; a)) + i \arg(\tilde{p}).$$

よく知られているように $\log(z-a)$ は $\tilde{U}_a$ 上の holomorph な関数で，

$$\frac{d\log(z-a)}{dz}(\tilde{p}) = \frac{1}{z(\tilde{p})-a}$$

が成立する．それゆえ

$$\int_{\tilde{p}_0}^{\tilde{p}} \frac{dz}{z-a} = (\log(z-a))(\tilde{p}) - (\log(z-a))(\tilde{p}_0)$$

である．（たとえば，高木貞治『解析概論』§65.）

また，複素数 α に対し

$$(z-a)^\alpha(\tilde{p}) = e^{\alpha(\log(z-a))(\tilde{p})}$$

によって，$\tilde{U}_a$ 上の関数 $(z-a)^\alpha$ が定義される．

$$|(z-a)^\alpha(\tilde{p})| = r(\tilde{p};a)^{\mathrm{Re}\,(\alpha)} \cdot e^{-\mathrm{Im}\,(\alpha)\arg(\tilde{p})}$$

であることはすぐわかる．

$\tilde{U}_a$ の中の領域

$$\{\tilde{p} \in \tilde{U}_a \mid |\arg(\tilde{p})| < K\}$$

を中心角 $2K$ の Stolz（ストルツ）角領域という．

F を $\tilde{U}_a$ で定義された関数とする．任意の正数 $\varepsilon > 0$ と $K > 0$ とに対し，命題“$r(\tilde{p}) < \delta$，$|\arg(\tilde{p})| < K$ なる限り $|F(\tilde{p}) - c| < \varepsilon$”が成立するような正数 $\delta = \delta(\varepsilon, K)$ が存在するならば，

$$\lim_{\substack{z(\tilde{p})\to a \\ (\mathrm{Stolz})}} F(\tilde{p}) = c \qquad (*)$$

と書くことにする．動点 $\tilde{p}$ を極座標 $[r, \theta]$ で表示して $F(\tilde{p}) = F(r, \theta)$ と書くならば，$(*)$ は

$$\lim_{r\to 0} F(r,\theta) = c \quad (\theta \text{ に関し広義一様})$$

と同値である.

たとえば

公式 18.1

$$\lim_{\substack{z(\tilde{p})\to a \\ (\mathrm{Stolz})}} ((z-a)\log(z-a))(\tilde{p}) = 0$$

また $\mathrm{Re}\,\alpha > 0$ ならば

$$\lim_{\substack{z(\tilde{p})\to a \\ (\mathrm{Stolz})}} (z-a)^{\alpha}(\tilde{p}) = 0$$

実際 $\tilde{p} = [r,\theta]$（極座標）とするとき,

$z(\tilde{p}) - a = re^{i\theta}$, $(z-a)\log(z-a)(\tilde{p}) = re^{i\theta}(\log r + i\theta)$.

$\therefore$ $|\theta| < K$ ならば

$$\lim_{r\to 0}((z-a)\log(z-a))(\tilde{p}) = \lim_{r\to 0} e^{i\theta}(r\log r + ri\theta) = 0$$

$$(\theta \text{ につき広義一様}).$$

また $\alpha = a+ib$ なら $a>0$ で

$$|(z-a)^{\alpha}(\tilde{p})| = \left|e^{(a+ib)(\log r + i\theta)}\right| = e^{a\log r - b\theta}$$

$$= r^{a}e^{-b\theta} \to 0 \quad (r\to 0)$$

$$(\theta \text{ につき広義一様})$$

である. Q. E. D.

U_a の閉曲線で a のまわりを正の向きに一周するものの類を γ とするとき, $\pi_1(U_a; b)$ は γ で生成される自由巡

回群 $\{\gamma^n \mid n=0, \pm 1, \pm 2, \cdots\}$ である．$(\tilde{U}_a; \tilde{b}) \xrightarrow{z} (U_a; b)$ は普遍被覆だから $\pi_1(U_a; b)$ はこの被覆変換群 $\Gamma = \Gamma(\tilde{U}_a \xrightarrow{z} U_a)$ と同一視される．被覆変換 γ の $\log(z-a)$, $(z-a)^\alpha$ などへの作用をしらべよう．

公式 18.2

$$\gamma^*(\log(z-a)) = \log(z-a) + 2\pi i$$
$$\gamma^*((z-a)^\alpha) = e^{2\pi i\alpha}(z-a)^\alpha$$

証明　第6週の論法により，$\tilde{p} = [r, \theta]$ ならば $\gamma(\tilde{p}) = [r, \theta+2\pi]$ である．それゆえ

$$(\gamma^* \log(z-a))(\tilde{p}) = \log(z-a)(\gamma(\tilde{p})) = \log r + i(\theta+2\pi)$$
$$= \log(z-a)(\tilde{p}) + 2\pi i.$$
$$(\gamma^*(z-a)^\alpha)(\tilde{p}) = (z-a)^\alpha(\gamma(\tilde{p})) = e^{\alpha(\log r + i\theta + 2\pi i)}$$
$$= e^{2\pi i\alpha} e^{\alpha(\log r + i\theta)} = e^{2\pi i\alpha}(z-a)^\alpha(\tilde{p}).$$

Q. E. D.

$\tilde{U}_a$ 上の関数 F が

$$F(\tilde{p}) = \sum_{i=1}^{m_0} (z-a)^{\alpha_i} A_i(z-a)$$
$$+ \log(z-a) \sum_{i=1}^{m_1} (z-a)^{\beta_i} B_i(z-a)$$
$$+ (\log(z-a))^2 \sum_{i=1}^{m_2} (z-a)^{\gamma_i} C_i(z-a)$$
$$+ \cdots$$

$$+(\log(z-a))^{\nu}\sum_{i=1}^{m_{\nu}}(z-a)^{\omega_i}W_i(z-a)$$

（ただし，$A_i(t), B_i(t), C_i(t), \cdots, W_i(t)$ は $|t|<\varepsilon$ で収束するベキ級数（＝整級数），$\alpha_i, \beta_i, \gamma_i, \cdots, \omega_i \in \boldsymbol{C}$.）

の形に書けるとき F は a を確定特異点とするという．すなわち F は収束するベキ級数，$(z-a)^{\alpha}$ の形の関数，$\log(z-a)$ なる3種類の関数で生成された環の要素である．

さらに $U'_a \xrightarrow{f} U_a$ を U_a の1つの被覆とするとき，普遍被覆面 $\tilde{U}_a$ は U'_a の被覆面でもあるから，$O(U'_a)=\mu^*[O(U'_a)]\subset O(\tilde{U}_a)$ と考えられる．

$$\begin{array}{ccc} \tilde{U}_a & & \\ {\scriptstyle z}\downarrow & \overset{\mu}{\searrow} & U'_a \\ & \underset{f}{\swarrow} & \\ U_a & & \end{array}$$

それゆえ，U'_a 上の関数は $\tilde{U}_a$ 上の関数とも考えられるから U'_a 上の関数が a を確定特異点とするという言葉が意味をもつ．

また，ここにおいて，α_i が整数，$B_i=C_j=\cdots=0$ なら $F=$ 整級数であり，それは a で1価正則である．それゆえ"a を確定特異点とする"というセンテンスは，ごく特別な場合として"a で正則である"場合を含む．

容易にわかるように，

予備定理 18.1　$F, G\in O(\tilde{U}_a)$ が a を確定特異点とするとき，

$$\left.\begin{array}{l} F+G, F-G, \lambda F+\mu G \\ F\times G \\ \dfrac{dF}{dz} \end{array}\right\}$$ も a を確定特異点とする．

予備定理 18.2　F, G が a を確定特異点とし $G \not\equiv 0$ であるとき，m を十分大きくすれば

$$\lim_{\substack{z(\tilde{p})\to a \\ (\mathrm{Stolz})}} \left|(z(\tilde{p})-a)^m \frac{F(\tilde{p})}{G(\tilde{p})}\right| = 0$$

である．

証明は公式 18.1 からできる．ウソ！　巻末「おわびと訂正」を見よ．

予備定理 18.3　$F, G \in O(\tilde{U}_a)$ が a を確定特異点とし，さらに $\dfrac{F}{G} \in K(U_a)$ であれば，$\dfrac{F}{G}$ は（U_a 上の関数として）a をたかだか極とする．（つまり真性特異点としない．）

証明　$\dfrac{F}{G} \in K(U_a)$ だから $\dfrac{F}{G}$ は a のまわりで 1 価である．そして，前予備定理より，

$$\lim \left|(z(\tilde{p})-a)^m \frac{F}{G}(\tilde{p})\right| = 0$$

だから，Riemann の定理（たとえば，高木貞治『解析概論』§60 を見よ．）により $\dfrac{F}{G}$ は a でも有理型である．

Q. E. D.

微分方程式

$$(\sharp) \qquad \frac{d^2w}{dz^2}+P(z)\frac{dw}{dz}+Q(z)w=0$$

において，$P(z), Q(z)$ は U_a で正則な関数としよう：すなわち，$P, Q \in O(U_a)$．（♯）の解の全体がつくる 2 次元ベクトル空間 $V_\sharp$ は $O(\tilde{U}_a)$ に入っている．（♯）の解がすべて a を確定特異点とする（ゆえにとくに a で 1 価正則でもよい）とき，微分方程式（♯）は "点 a で Fuchs 型" であるという．つぎの定理はよく知られている．

定理 18. 4

$$(\sharp) \qquad \left.\begin{aligned} &\frac{d^2w}{dz^2}+P(z)\frac{dw}{dz}+Q(z)w=0 \\ &P, Q \in O(U_a) \end{aligned}\right\}$$

が点 a で Fuchs 型であるためには，$P(z), Q(z)$ が a で

$$\begin{cases} P(z)=\dfrac{\alpha_{-1}}{z-a}+\alpha_0+\alpha_1(z-a)+\alpha_2(z-a)^2+\cdots \\[2ex] Q(z)=\dfrac{\beta_{-2}}{(z-a)^2}+\dfrac{\beta_{-1}}{(z-a)}+\beta_0+\beta_1(z-a)+\cdots \end{cases}$$

の型のローラン展開をもつことが必要十分である．

ここには必要性の証明だけを与えておく．十分性の証明はスケッチにとどめる．詳細はたとえば [13] を見られたい．

補助定理 18. 5　（♯）の 1 次独立な 2 解を φ, ψ とす

るとき

$$\varphi\psi' - \varphi'\psi = \begin{vmatrix} \varphi & \psi \\ \varphi' & \psi' \end{vmatrix} = Ce^{-\int P(z)dz},$$

$$P(z) = -\frac{(\varphi\psi' - \varphi'\psi)'}{\varphi\psi' - \varphi'\psi}.$$

$\because\quad W = \begin{vmatrix} \varphi & \psi \\ \varphi' & \psi' \end{vmatrix}$ とおくと，

$$W' = \begin{vmatrix} \varphi' & \psi' \\ \varphi' & \psi' \end{vmatrix} + \begin{vmatrix} \varphi & \psi \\ \varphi'' & \psi'' \end{vmatrix} = \begin{vmatrix} \varphi & \psi \\ \varphi'' & \psi'' \end{vmatrix}$$

$$= \begin{vmatrix} \varphi & \psi \\ -P\varphi' - Q\varphi & -P\psi' - Q\psi \end{vmatrix}$$

$$= \begin{vmatrix} \varphi & \psi \\ -P\varphi' & -P\psi' \end{vmatrix} = -P \begin{vmatrix} \varphi & \psi \\ \varphi' & \psi' \end{vmatrix} = -PW.$$

それゆえ W は $W' = -PW$ の解である．それゆえ

$$\frac{W'}{W} = -P, \quad \log W = -\int P dz + C$$

$$\therefore \qquad W = Ce^{-\int P dz}.$$

これから

$$P(z) = -\frac{W'}{W} = -\frac{(\varphi\psi' - \varphi'\psi)'}{\varphi\psi' - \varphi'\psi}.$$

補助定理 18.5 の証明終

$(\tilde{U}_a; \tilde{b}) \xrightarrow{z} (U_a; b)$ の被覆変換群 $\Gamma = \pi_1(U_a; b)$ は γ で

生成される自由巡回群だから，Γ の（$\sharp$）による monodromy 表現は生成元 γ の作用 $w \longmapsto \gamma^*(w)$ だけで定まる．$V_\sharp$ の線型変換 $w \longmapsto \gamma^*(w)$ の Jordan 標準形を考えよう．それは

$$\begin{pmatrix} c & 0 \\ 0 & d \end{pmatrix} \quad \text{または} \quad \begin{pmatrix} c & 1 \\ 0 & c \end{pmatrix}$$

の形をしている．ここで場合を分けて，

（場合 I） γ^* の Jordan 標準形が $\begin{pmatrix} c & 0 \\ 0 & d \end{pmatrix}$ なる場合：

$V_\sharp$ に適当に base $[w_1, w_2]$ をとれば，

$$(\gamma^* w_1, \gamma^* w_2) = (w_1, w_2) \begin{pmatrix} c & 0 \\ 0 & d \end{pmatrix}$$

すなわち

$$\gamma^* w_1 = c w_1, \quad \gamma^* w_2 = d w_2$$

である．

いま，$e^{2\pi i\lambda} = c$ となるような λ（$\in \boldsymbol{C}$）をとる．そして $w_1/(z-a)^\lambda$ を考えると，

$$\begin{aligned} \gamma^*(w_1/(z-a)^\lambda) &= (\gamma^* w_1)/\gamma^*(z-a)^\lambda \\ &= c w_1/e^{2\pi i\lambda}(z-a)^\lambda \\ &= c w_1/c(z-a)^\lambda = w_1/(z-a)^\lambda. \end{aligned}$$

それゆえ $w_1/(z-a)^\lambda$ は U_a 上 1 価である．ゆえに

$$w_1/(z-a)^\lambda = \sum_{\nu=-\infty}^{\infty} c_\nu (z-a)^\nu$$

とローラン展開されるが，（$\sharp$）が点 a でフックス型であ

るから，w_1 は a を確定特異点とし，したがって予備定理18.3により，$\dfrac{w_1}{(z-a)^\lambda}=\sum c_\nu(z-a)^\nu$ は a で有理型でなければならぬ．それゆえ，このローラン展開の主要部（負のベキの項）は有限項で切れる：

$$\frac{w_1}{(z-a)^\lambda}=\sum_{n\geqq-\nu_0}c_n(z-a)^n.$$

$\lambda-\nu_0$ を λ_1 とおき，$c_{n-\nu_0}$ をあらためて c_n と書けば，

$$w_1=(z-a)^{\lambda_1}\sum_{n=0}^{\infty}c_n(z-a)^n \quad (c_0\neq 0)$$

となる．また

$$e^{2\pi i\lambda_1}=e^{2\pi i\lambda}=c$$

である．同様に

$$\begin{cases} w_2=(z-a)^{\lambda_2}\displaystyle\sum_{n=0}^{\infty}c'_n(z-a)^n \quad (c'_0\neq 0) \\ e^{2\pi i\lambda_2}=d \end{cases}$$

をうる．

Wronskian　$W=\begin{vmatrix} w_1 & w_2 \\ w'_1 & w'_2 \end{vmatrix}$ を計算しよう．

簡単のため，$z-a=t$ とおく．$w_i=t^{\lambda_i}R_i(t)$（$R_i(t)$ は整級数，$R_i(0)\neq 0$）であるから，$w'_i=\lambda_i t^{\lambda_i-1}\times R_i+t^{\lambda_i}R'_i=t^{\lambda_i-1}(\lambda_i R_i+tR'_i)$ である．

$$W = \begin{vmatrix} t^{\lambda_1}R_1 & t^{\lambda_2}R_2 \\ t^{\lambda_1-1}(\lambda_1 R_1 + tR_1') & t^{\lambda_2-1}(\lambda_2 R_2 + tR_2') \end{vmatrix}$$
$$= t^{\lambda_1+\lambda_2-1} \begin{vmatrix} R_1 & R_2 \\ \lambda_1 R_1 + tR_1' & \lambda_2 R_2 + tR_2' \end{vmatrix}$$
$$= t^{\lambda_1+\lambda_2-1}\{(\lambda_2-\lambda_1)R_1R_2 + t(R_1R_2' - R_1'R_2)\}.$$

ゆえに，$W = t^{\mu} \times R(t)$（$R(t)$ は整級数，$R(0) \neq 0$）の形に書ける．ゆえに，

$$P = -\frac{W'}{W} = -\frac{\mu t^{\mu-1}R + t^{\mu}R'}{t^{\mu} \times R} = -\frac{\mu}{t} - \frac{R'}{R}$$
$$= -\frac{\mu}{t} + \text{整級数}.$$

これで $P(z) = -\dfrac{\mu}{z-a} +$ 整級数がわかった．

$0 = w_1'' + Pw_1' + Qw_1$ であるから

$$Q = -(w_1'' + Pw_1')/w_1$$
$$= \frac{t^{\lambda_1-2} \times \text{整級数} + \left(\dfrac{\mu}{t} + \text{整級数}\right) t^{\lambda_1-1} \times \text{整級数}}{t^{\lambda_1} \times R_1(t)}$$
$$= (t^{\lambda_1-2} \times \text{整級数})/(t^{\lambda_1} \times R_1(t))$$
$$= t^{-2} \times \text{整級数}/R_1(t) \quad (R_1(0) \neq 0).$$

ゆえに

$$Q = t^{-2} \times (\text{整級数}).$$

かくして

$$Q(z) = \frac{\beta}{(z-a)^2} + \frac{\delta}{z-a} + (\text{整級数})$$

が証明された．（場合Ⅰ）に定理 18. 4 の必要性の証明おわり．

（場合Ⅱ）　γ^* の Jordan 標準形が $\begin{pmatrix} c & 1 \\ 0 & c \end{pmatrix}$ なる場合：$V_\sharp$ に適当に座標系をえらべば，

$$(\gamma^* w_1, \gamma^* w_2) = (w_1, w_2) \begin{pmatrix} c & 1 \\ 0 & c \end{pmatrix}$$

すなわち，$\gamma^* w_1 = cw_1$，$\gamma^* w_2 = w_1 + cw_2$ となる．これから（場合Ⅰ）と同様に，w_1 は

$$\begin{cases} w_1 = (z-a)^{\lambda_1} \times \sum\limits_{n=0}^{\infty} c_n (z-a)^n \quad (c_0 \neq 0) \\ e^{2\pi i \lambda_1} = c \end{cases}$$

である．

一方，w_2 をしらべるため $w_3 = \dfrac{1}{2\pi ic}(\log(z-a))w_1$ とおくと，$\gamma^* w_3 = \dfrac{1}{2\pi ic} \times (\log(z-a) + 2\pi i)cw_1 = w_1 + cw_3$ である．ゆえに $w_2 - w_3 = w_4$ とおくと，$\gamma^* w_4 = \gamma^* w_2 - \gamma^* w_3 = w_1 + cw_2 - w_1 - cw_3 = cw_4$．それゆえ，上述と同様にして $w_4 = (z-a)^{\lambda_2} R_4(z-a)$ と書ける．ゆえに $w_2 = w_4 + w_3$ は

$$\begin{cases} w_2 = (z-a)^{\lambda_2} \sum b_n (z-a)^n \\ \qquad\quad + (z-a)^{\lambda_1} \log(z-a) \sum d_n (z-a)^n \\ e^{2\pi i \lambda_2} = e^{2\pi i \lambda_1} = c \end{cases}$$

である．この場合にも $P = -W'/W$，$W = \begin{vmatrix} w_1 & w_2 \\ w_1' & w_2' \end{vmatrix}$，$Q = (-w_1'' - Pw_1')/w_1$ を計算して定理 18. 4 の必要性の証明をうる．

以上の副産物として，つぎのことがわかった：

定理 18.6　a でフックス型である微分方程式

$$\frac{d^2w}{dz^2}+P(z)\frac{dw}{dz}+Q(z)w=0\ (P, Q\in O(U_a))$$

のモノドロミー表現の生成元が Jordan 標準形

（I）$\begin{pmatrix} c & 0 \\ 0 & d \end{pmatrix}$ をもつならば (♯) の解の空間 $V_\sharp$ は

$$w_1=(z-a)^\lambda\sum_{n=0}^{\infty}c_n(z-a)^n\quad(c_0\neq 0)$$

$$w_2=(z-a)^\mu\sum_{n=0}^{\infty}d_n(z-a)^n\quad(d_0\neq 0)$$

なる形をもつ 2 解 w_1, w_2 で張られ

$$(\gamma^*w_1, \gamma^*w_2)=(w_1, w_2)\begin{pmatrix} c & 0 \\ 0 & d \end{pmatrix}$$

である．

ここで λ, μ は，それぞれ $e^{2\pi i\lambda}=c$, $e^{2\pi i\mu}=d$ を満たす．

（II）Jordan 標準形が $\begin{pmatrix} c & 1 \\ 0 & c \end{pmatrix}$ であるならば，$V_\sharp$ は

$$w_1=(z-a)^\lambda\sum_{n=0}^{\infty}c_n(z-a)^n\quad(c_0\neq 0)$$

$$w_2=(z-a)^\mu\sum_{n=0}^{\infty}d_n(z-a)^n+\frac{1}{2\pi ic}\log(z-a)\cdot w_1\quad(d_0\neq 0)$$

なる形をもつ2解で張られ,

$$(\gamma^* w_1, \gamma^* w_2) = (w_1, w_2) \begin{pmatrix} c & 1 \\ 0 & c \end{pmatrix}$$

である．ここで λ, μ は $e^{2\pi i\lambda} = e^{2\pi i\mu} = c$ を満たす．それゆえ $\lambda - \mu$ は整数であるが，あとでわかるように，$\lambda - \mu \geqq 0$ である．

つぎに，定理 18.4 の十分性の証明をスケッチする．

$P(z), Q(z)$ が定理 18.4 の型のローラン展開をもつとし，$(z-a)P(z) = A(z)$，$(z-a)^2 Q(z) = B(z)$ とおく．A, B は $z=a$ で正則である．そのテイラー展開を $A(z) = \sum_{n=0}^{\infty} \alpha_n (z-a)^n$，$B(z) = \sum_{n=1}^{\infty} \beta_n (z-a)^n$ とする．(♯) は

$$(z-a)^2 \frac{d^2 w}{dz^2} + (z-a)A(z)\frac{dw}{dz} + B(z)w = 0$$

となる．

いま，(♯) が $w(z) = (z-a)^\lambda \sum_{n=0}^{\infty} c_n (z-a)^n$ $(c_0 \neq 0)$ の形の解をもつと仮定し，(♯) に代入してみよう．以下，$z-a$ を t と書く．

$$w = t^\lambda \sum_{n=0}^{\infty} c_n t^n = \sum_{n=0}^{\infty} c_n t^{\lambda+n},$$

$$\frac{dw}{dz} = \sum_{n=0}^{\infty} (\lambda+n) c_n t^{\lambda+n-1},$$

$$\frac{d^2 w}{dz^2} = \sum_{n=0}^{\infty} (\lambda+n)(\lambda+n-1) c_n t^{\lambda+n-2}.$$

ゆえに

$$0 = t^2 \frac{d^2w}{dz^2} + tA(z)\frac{dw}{dz} + B(z)w$$

$$= \sum_{n=0}^{\infty}\Big[(\lambda+n)(\lambda+n-1)c_n + \sum_{k=0}^{n}(\lambda+k)c_k\alpha_{n-k} + \sum_{k=0}^{n} c_k\beta_{n-k}\Big]t^{\lambda+n}$$

であるから,

$$(1)\quad [(\lambda+n)(\lambda+n-1)+\alpha_0(\lambda+n)+\beta_0]c_n + \sum_{k=0}^{n-1}[\alpha_{n-k}(\lambda+k)+\beta_{n-k}]c_k = 0 \quad (n=0,1,2,\cdots)$$

が成立しなければならぬ. とくに $n=0$ に対して, $c_0 \neq 0$ より,

$$(2)\qquad \lambda(\lambda-1)+\alpha_0\lambda+\beta_0 = 0$$

でなければならぬ. それゆえ, いま $F(X)=X(X-1)+\alpha_0 X+\beta_0$ とおくと, λ は2次方程式

$$(3)\qquad F(X)=0$$

の1根でなければならぬ. そして, (1) から

$$F(\lambda+n)c_n = -\sum_{k=0}^{n-1}[\alpha_{n-k}(\lambda+k)+\beta_{n-k}]c_k.$$

それゆえ, $F(X)=0$ の2根の差が整数でなければ, $F(\lambda+n)\neq 0$ だから

$$(4)\qquad c_n = \frac{-1}{F(\lambda+n)}\sum_{k=0}^{n-1}[\alpha_{n-k}(\lambda+k)+\beta_{n-k}]c_k$$

により，つぎつぎに $c_1, c_2, c_3, \cdots$ が c_0 から求められる．

逆に，λ を $F(X)=0$ の1根とし，c_0 をたとえば $c_0=1$ として漸化式（4）から求まる $c_1, c_2, c_3, \cdots$ を用いて級数 $\sum c_n t^n$ を作ると，簡単な評価によりこの級数は $t=0$ の近傍で収束し，$t^\lambda \sum c_n t^n$ は $t^2 \dfrac{d^2w}{dt^2} + tA(t+a)\dfrac{dw}{dt} + B(t+a)w = 0$ の解であることがわかる．2次方程式 $F(X)=0$ の根は2つあるから，それらを λ, μ とするとき，λ および μ から上記のようにして2つの解 $w_1(z) = (z-a)^\lambda \sum c_n(z-a)^n$ と $w_2(z) = (z-a)^\mu \sum c'_n(z-a)^n$ が生ずる．これらは明らかに1次独立ゆえ，任意の解は $w(z) = (z-a)^\lambda c \sum c_n(z-a)^n + (z-a)^\mu c' \sum c'_n(z-a)^n$ と書ける．ゆえに（♯）は $z=a$ でフックス型である．

つぎに $F(X)=0$ の2根 λ，μ の差 $\lambda-\mu=m$ が整数である場合を考えよう．$m \geqq 0$ としてよい．1根 λ から前述のようにして1つの解 $w_1(z) = (z-a)^\lambda \sum c_n(z-a)^n$ が作れる．$c_0=1$ としておいてよい．他の根 μ から前述のようにして $(z-a)^\mu \sum c'_n(z-a)^n$ を作ろうとしてもそれはできぬ．漸化式

$$c'_n = \frac{-1}{F(\mu+n)} \sum_{k=0}^{n-1} [\alpha_{n-k}(\mu+k)+\beta_{n-k}]c'_k$$

の分母 $F(\mu+n)$ が $n=m$ のところで0になるからである．そこで（♯）のもう1つの解 w を求めるため，常套手段によって $w=w_1\eta$ とおいてみる．

$$w' = w_1'\eta + w_1\eta'$$
$$w'' = w_1''\eta + 2w_1'\eta' + w_1\eta''.$$

だから，

$$0 = t^2w'' + tAw' + Bw$$
$$= (t^2w_1'' + tAw_1' + Bw_1)\eta + t^2(2w_1'\eta' + w_1\eta'') + tAw_1\eta'$$

である．

$$\therefore \qquad t(2w_1'\eta' + w_1\eta'') + Aw_1\eta' = 0.$$

$$\therefore \qquad \eta'' + \left(2\frac{w_1'}{w_1} + \frac{A}{t}\right)\eta' = 0.$$

$$\therefore \qquad \log\eta' = -2\log w_1 - \int\frac{A}{t}dt.$$

$$\therefore \qquad \eta' = w_1^{-2}e^{-\int\frac{A}{t}dt}.$$

$$\therefore \qquad \eta = \int w_1^{-2}e^{-\int\frac{A}{t}dt}dt.$$

$$\therefore \qquad w = w_1\eta = w_1\int w_1^{-2}e^{-\int\frac{A}{t}dt}dt.$$

である．これが w_1 とは 1 次独立な解を与えるはずである．

$$w_1 = t^\lambda\sum c_nt^n, \quad c_0 = 1.$$
$$A = \alpha_0 + \alpha_1t + \cdots, \quad \alpha_0 \neq 0.$$

$$\therefore \quad \int \frac{A}{t}dt = \int \left(\frac{\alpha_0}{t} + \alpha_1 + \alpha_2 t + \cdots\right) dt$$

$$= \alpha_0 \log t + \alpha_1 t + \frac{\alpha_2}{2} t^2 \cdots .$$

$$\therefore \quad e^{-\int \frac{A}{t}dt} = t^{-\alpha_0} e^{-\left(\alpha_1 t + \frac{\alpha_2}{2} t^2 + \cdots\cdots\right)}$$

$$= t^{-\alpha_0}(1 + b_1 t + b_2 t^2 + \cdots).$$

一方

$$w_1^{-2} = \{t^{\lambda}(1 + c_1 t + \cdots)\}^{-2}$$

$$= t^{-2\lambda}(1 + d_1 t + d_2 t^2 + \cdots).$$

$$\therefore \quad w_1^{-2} e^{-\int \frac{A}{t}dt} = t^{-\alpha_0 - 2\lambda}(1 + e_1 t + e_2 t^2 + \cdots).$$

さて λ, $\mu = \lambda - m$ が $F(X) = X(X-1) + \alpha_0 X + \beta_0 = 0$ の 2 根ゆえ，根と係数の関係により $\lambda + \mu = 2\lambda - m = 1 - \alpha_0$；ゆえに $-\alpha_0 - 2\lambda = -1 - m$ である．ゆえに，

$$w_1^{-2} e^{-\int \frac{A}{t}dt} = t^{-m-1}(1 + e_1 t + \cdots).$$

ゆえに

$$\eta = \int w_1^{-2} e^{-\int \frac{A}{t}dt} dt$$

$$= \frac{t^{-m}}{-m} + \frac{e_1 t^{-m+1}}{-m+1} + \cdots$$

$$+ e_m \log t + e_{m+1} t + \frac{e_{m+2} t^2}{2} + \cdots$$

$$+ \text{積分常数}\, C$$

である．ゆえに

$$
\begin{aligned}
w &= w_1\eta \\
&= e_m \log t \cdot w_1 + \left(\sum_{n=0}^{\infty} t^{\lambda} c_n t^n\right)\left(\frac{t^{-m}}{-m} + \cdots\right) \\
&= e_m (\log t) w_1 + t^{\mu} \sum_{n=0}^{\infty} c'_n t^n \\
&= e_m (z-a)^{\lambda} \log(z-a) \sum_{n=0}^{\infty} c_n (z-a)^n \\
&\qquad + (z-a)^{\mu} \sum_{n=0}^{\infty} c'_n (z-a)^n
\end{aligned}
$$

と書ける．これは $z=a$ を確定特異点としている．それゆえ（♯）は Fuchs 型である．

（注意） $e_m=0$ かも知れない．そうすれば $\log(z-a)$ を含む項はあらわれない．

以上の副産物として

> **定理 18.7** 定理 18.6 にあらわれる λ, μ は 2 次方程式 $F(X)=0$ の 2 根である．ただし，$F(X) = X(X-1)+\alpha_0 X+\beta_0$.

この方程式 $X(X-1)+\alpha_0 X+\beta_0=0$ を微分方程式（♯）の $z=a$ における決定方程式という．

第19週　フックス型の微分方程式

［A］ D を複素平面 $\boldsymbol{C}$ から有限個の点 $\{a_1, a_2, \cdots,\ a_n\}$ を取り除いた領域とする：

$$D = \boldsymbol{C} - \{a_1, a_2, \cdots, a_n\}.$$

これはまた，Riemann 球面 $R = \boldsymbol{C} \cup \{\infty\}$ から $n+1$ 個の点 $\{a_1, a_2, \cdots, a_n, a_{n+1}{=}\infty\}$ を取り除いたものとも考えられる．

D の普遍被覆面を $\tilde{D} \xrightarrow{z} D$ とする．点 a_i のまわりに "5円玉" U_{a_i} をとる．$z^{-1}(U_{a_i})$ は $\tilde{D}$ 内の開集合であるが，そのひとつひとつの連結成分たちを $\tilde{U}_{a_i,1}, \tilde{U}_{a_i,2}, \tilde{U}_{a_i,3}, \cdots$ とするならば，$\tilde{U}_{a_{i,j}} \xrightarrow{z} U_{a_i}$ は U_{a_i} の被覆である．これらを U_{a_i} をカバーするラセン階段という．

さて $\tilde{D}$ 上の関数 $F \in O(\tilde{D})$ をおのおののラセン階段 $\tilde{U}_{a_{i,j}}$ $(i=1, 2, \cdots, n\ ;\ j=1, 2, \cdots)$ 上に制限した $F|\tilde{U}_{a_{i,j}}$ がみなそれぞれ a_i を確定特異点にもつならば，F は $a_1, \cdots, a_n$ を確定特異点とするという．また t の関数 $F\left(\dfrac{1}{t}\right)$ を $H(t)$ とおくとき，$H(t)$ が $t=0$ を確定特異点とするならば，$F(z)$ は $z=\infty$ を確定特異点とするという．

定理 19.1 $F, G \in O(\tilde{D})$ ($G \not\equiv 0$) が $a_1, a_2, \cdots, a_n, a_{n+1}=\infty$ を確定特異点とし，F/G が $K(D)$ ($= z^*(K(D)) \subset K(\tilde{D})$) に属するならば，$\dfrac{F}{G}$ は z の有理関数である．

証明 $\dfrac{F}{G}$ はもちろん D 内で有理型である．また予備定理 18.3 により $a_1, \cdots, a_n, \infty$ でも有理型である．つまりリーマン球面上いたるところ有理型だから，有理関数である．　Q. E. D.

$a_1, \cdots, a_n, \infty$ を確定特異点とする $\tilde{D}$ 上の正則関数の全体を $B(\tilde{D})$ と書こう．これは環をつくる：$B(\tilde{D}) \subset O(\tilde{D})$．$B(\tilde{D})$ の商体を $\mathfrak{M}(\tilde{D})$ と書こう．一方，有理関数の全体がつくる有理関数体を $K=K(R)$ とか $\boldsymbol{C}(z)$ とか書く．

上の定理は

$$\mathfrak{M}(\tilde{D}) \cap K(D) \subset K(R) = \boldsymbol{C}(z)$$

と表現される．

[B]　微分方程式

$$(\sharp) \qquad \frac{d^2w}{dz^2} + P(z)\frac{dw}{dz} + Q(z)w = 0$$

において，まず

(イ)“$P(z), Q(z)$ が有理関数である”とする．そして，$P(z), Q(z)$ の極は $\{a_1, a_2, \cdots, a_n\}$ に含まれるとする．$D = \boldsymbol{C} - \{a_1, a_2, \cdots, a_n\}$ とおく．そうすると ($\sharp$) の解は $\tilde{D}$ で定義された関数と考えられる．$V_\sharp \subset O(\tilde{D})$．そこで

さらに

（ロ）“(♯) の解はすべて $\{a_1, a_2, \cdots, a_n, \infty\}$ を確定特異点とする”という条件をおこう．

この2条件（イ)(ロ）が満たされているとき，微分方程式 (♯) はフックス型であるといわれる．つまり一口にいえば，フックス型の微分方程式とは，解がみな確定特異点しかもたぬ有理関数係数の微分方程式 (♯) のことである．

つぎの定理は有名である．

定理 19.2　(♯) がフックス型であるためには，$P(z), Q(z)$ がつぎの形の有理関数であることが，必要かつ十分である：

$$(*) \quad P(z) = \sum_{i=1}^{n} \frac{\alpha_i}{z-a_i} = \frac{z\text{ のたかだか }(n-1)\text{ 次多項式}}{(z-a_1)\cdots(z-a_n)}.$$

$$(**) \quad Q(z) = \sum_{i=1}^{n} \left\{ \frac{\beta_i}{(z-a_i)^2} + \frac{\delta_i}{z-a_i} \right\} = \frac{z\text{ のたかだか }2(n-1)\text{ 次多項式}}{[(z-a_1)\cdots(z-a_n)]^2},$$

$$\text{ただし} \sum_{i=1}^{n} \delta_i = 0.$$

証明　必要性：$P(z), Q(z)$ を部分分数に展開する．P, Q の極は $a_1, \cdots, a_n$ で，(♯) はおのおのの a_i でフックス型だから定理 18.4 により，部分分数の型は

$$(1)\quad \begin{cases} P(z)=\sum\limits_{i=1}^{n}\dfrac{\alpha_i}{z-a_i}+D(z) \\ Q(z)=\sum\limits_{i=1}^{n}\left(\dfrac{\beta_i}{(z-a_i)^2}+\dfrac{\delta_i}{z-a_i}\right)+E(z) \end{cases}$$

の形をしていなければならぬ．ここで D, E は z の多項式である．つぎに（♯）が $z=\infty$ でフックス型である条件を書く：$z=\dfrac{1}{t}$ とおくと，

$$\frac{dw}{dz}=\frac{dw}{dt}\frac{-1}{z^2}=-t^2\frac{dw}{dt}.$$

$$\frac{d^2w}{dz^2}=\frac{2}{z^3}\frac{dw}{dt}+\frac{-1}{z^2}\frac{d}{dz}\left(\frac{dw}{dt}\right)$$

$$=2t^3\frac{dw}{dt}+t^4\frac{d^2w}{dt^2}.$$

ゆえに微分方程式（♯）は $0=\dfrac{d^2w}{dz^2}+P\dfrac{dw}{dz}+Qw=$ $t^4\dfrac{d^2w}{dt^2}+2t^3\dfrac{dw}{dt}-Pt^2\dfrac{dw}{dt}+Qw$，すなわち

$$(\natural)\qquad \frac{d^2w}{dt^2}+\left(\frac{2}{t}-\frac{P\left(\frac{1}{t}\right)}{t^2}\right)\frac{dw}{dt}+\frac{Q\left(\frac{1}{t}\right)}{t^4}w=0$$

となる．これが $t=0$ でフックス型であるためには

$$(2)\quad \begin{cases} \dfrac{P\left(\frac{1}{t}\right)}{t^2}=\dfrac{\xi_0}{t}+\xi_1+\xi_2t+\cdots \\ \dfrac{Q\left(\frac{1}{t}\right)}{t^4}=\dfrac{\eta_0}{t^2}+\dfrac{\eta_1}{t}+\eta_2+\eta_3t+\cdots \end{cases}$$

でなければならぬ．

(1) により

$$\frac{1}{t^2}P\left(\frac{1}{t}\right)=\left(\sum_{i=1}^{n}\frac{\alpha_i}{1-a_it}\right)\frac{1}{t}+\frac{1}{t^2}D\left(\frac{1}{t}\right),$$

$$\frac{1}{t^4}Q\left(\frac{1}{t}\right)=\left(\sum_{i=1}^{n}\frac{\beta_i}{(1-a_it)^2}\right)\frac{1}{t^2}+\left(\sum_{i=1}^{n}\frac{\delta_i}{1-a_it}\right)\frac{1}{t^3}+\frac{1}{t^4}E\left(\frac{1}{t}\right)$$

であるから (2) であるためには $D=E\equiv 0$, $\sum_{i=1}^{n}\delta_i=0$ でなければならぬ. ゆえに

$$\begin{cases} P(z)=\sum_{i=1}^{n}\dfrac{\alpha_i}{z-a_i} \\ Q(z)=\sum_{i=1}^{n}\left\{\dfrac{\beta_i}{(z-a_i)^2}+\dfrac{\delta_i}{z-a_i}\right\}, \quad \sum_{i=1}^{n}\delta_i=0 \end{cases}$$

である. これを変形して (**) の後半を得る. Q. E. D.

上にのべたように, (♯) の解 $w(z)$ を $t=\dfrac{1}{z}$ の関数と見た $w\left(\dfrac{1}{t}\right)$ は微分方程式 (♮) をみたす. (♮) の $t=0$ における決定方程式は上述から

$$(3)\qquad \begin{cases} X(X-1)+\alpha_\infty X+\beta_\infty=0 \\ \alpha_\infty=2-\sum_{i=1}^{n}\alpha_i, \quad \beta_\infty=\sum_{i=1}^{n}(\beta_i+\delta_i a_i) \end{cases}$$

である. これを (♯) の $z=\infty$ における決定方程式といい, これの2根を λ_∞, μ_∞ と書く.

問題　フックス型微分方程式 (♯) において, 点 a_i における決定方程式 $X(X-1)+\alpha_iX+\beta_i=0$ の2根を λ_i, μ_i $(i=1,\cdots,n)$ とし, また, 点 ∞ における決定方

程式 $X(X-1)+\alpha_\infty X+\beta_\infty=0$；$\alpha_\infty=\sum_{i=1}^{n}\alpha_i$, $\beta_\infty=\sum(\beta_i+\delta_i a_i)$ の2根を $\lambda_\infty, \mu_\infty$ とするとき

$$\sum_{i=1}^{n}(\lambda_i+\mu_i)+(\lambda_\infty+\mu_\infty)=n-1 \tag{4}$$

であることを証明せよ．この等式をフックスの関係式という．

［C］ 以下 $P(z), Q(z)$ は $(*)\,(**)$ であり，したがって $(\sharp)$ はフックス型であるとする．$D=\boldsymbol{C}-\{a_1,\ \cdots,\ a_n\}$ とおく．有理関数体 $K(R)=\boldsymbol{C}(z)$ に $(\sharp)$ のすべての解とそれらの導関数を添加した体を $S_\sharp$ と書こう：

$$S_\sharp=\boldsymbol{C}(z)\left(w,\ \frac{dw}{dz}; w\in V_\sharp\right).$$

これは $(\sharp)$ の1次独立な解 φ, ψ を1組えらんだとき，$\boldsymbol{C}(z)$ に $\varphi, \psi, \dfrac{d\varphi}{dz}, \dfrac{d\psi}{dz}$ の4関数を添加すればえられる：

$$S_\sharp=\boldsymbol{C}(z)\left(\varphi,\ \frac{d\varphi}{dz}, \psi,\ \frac{d\psi}{dz}\right).$$

$(\sharp)$ がフックス型であるという仮定から，$\varphi, \dfrac{d\varphi}{dz}, \psi, \dfrac{d\psi}{dz}$ は確定特異点しかもたぬ．それゆえ予備定理 18.3 により $S_\sharp\cap K(D)\subset\boldsymbol{C}(z)$ であるが，一方 $S_\sharp\cap K(D)\supset\boldsymbol{C}(z)$ は明らかだから

$$S_\sharp\cap K(D)=\boldsymbol{C}(z) \tag{5}$$

である．

さて以下問題とするのは，$(\sharp)$ の解が，$K=\boldsymbol{C}(z)$ の上

に L_0 型（または L 型）であるか否かである.

> **定理 19.3**　フックス型の微分方程式（♯）の解がすべて，$\boldsymbol{C}(z)=K(R)=K$ の上に L_0 型であるためには，（♯）の monodromy 表現が三角化可能であることである.

証明　必要性の証明は容易でないのではぶく．十分性の証明は第 17 週とほぼ同じであるが，細部に注意を要する．くわしくはつぎの通り.

$\Gamma=\pi_1(D)$ の monodromy 表現が三角化可能だというのだから，三角表現を与える $V_\sharp$ の base を $[w_1, w_2]$ とすると

$$(\gamma^{-1*}w_1, \gamma^{-1*}w_2)=(w_1, w_2)\begin{pmatrix} a(\gamma) & b(\gamma) \\ 0 & d(\gamma) \end{pmatrix}$$

となる．それゆえ，とくに

$$\gamma^{-1*}w_1=a(\gamma)w_1. \qquad (\text{イ})$$

両辺を微分して

$$\gamma^{-1*}\left(\frac{dw_1}{dz}\right)=a(\gamma)\frac{dw_1}{dz}. \qquad (\text{ロ})$$

（イ），（ロ）から

$$\gamma^{-1*}\left(\frac{\frac{dw_1}{dz}}{w_1}\right)=\frac{\frac{dw_1}{dz}}{w_1} \quad (\forall\gamma\in\Gamma).$$

それゆえ $\dfrac{\frac{dw_1}{dz}}{w_1}\in K(D)$ である．一方 $w_1\in V_\sharp$ であるか

ら，$\dfrac{\frac{dw_1}{dz}}{w_1}\in S_\sharp$，それゆえ $\dfrac{\frac{dw_1}{dz}}{w_1}=A$ とおくと，

$$A=\frac{\frac{dw_1}{dz}}{w_1}\in S_\sharp\cap K(D)=\boldsymbol{C}(z). \qquad (ハ)$$

つまり $A=A(z)$ は，z の有理関数である．

（ハ）から，$w_1=Ce^{\int A(z)dz}$ は $\boldsymbol{C}(z)$ 上に L_0 型であり，したがって，予備定理 17. 1 により，（♯）のすべての解が $\boldsymbol{C}(z)$ 上 L_0 型である． Q. E. D.

［D］ つぎに（♯）が $\boldsymbol{C}(z)$ 上 L_0 型であることがわかったとして，その解を実際に書き上げることを問題とする．それには，上記の有理関数 $A(z)$ が具体的に定まればよい．そうすれば上記と第 17 週の予備定理 17. 1 により，一般解が

$$w=Ce^{\int Adz}\int e^{-2\int Adz-\int Pdz}dz+C'e^{\int Adz}$$

と書けるから．

$A(z)$ をしらべるため，まず w_1 をしらべる．w_1 は $w_1\circ\gamma=a(\gamma)w_1$（$\forall\gamma\in\Gamma$）を満たす．それゆえ，点 $\tilde{p}\in\tilde{D}$ を 0 点とするならば，それに共役な点 $\gamma(\tilde{p})$（$\gamma\in\Gamma$）も w_1 の 0 点となる．それゆえ D の点 $b_1, b_2, \cdots, b_s$ があり，w_1 の $\tilde{D}$ における 0 点の集合は $\{\tilde{p}\in\tilde{D}\mid z(\tilde{p})=b_1, b_2, \cdots, b_s$ の 1 つ$\}$ の形となる．しかも w_1 は 2 階線型微分方程式の解だから，その $\tilde{D}$ における 0 点の位数は 1 である．なぜな

ら，もし w_1 が点 $\tilde{p}_1 \in \tilde{D}$ で2位の0点となれば $w \equiv w_1$ も，$w \equiv 0$ も共に同じ微分方程式（♯）を満たし，同じ初期条件，$w(\tilde{p}_1) \equiv 0$，$\dfrac{dw}{dz}(\tilde{p}_1) \equiv 0$ を満たすから，解の一意性により $w_1 \equiv 0$ でなければならぬからである．

それゆえ，w_1 の0点の位数は1；それゆえ，$A(z) = \dfrac{\dfrac{dw_1}{dz}}{w_1}$ の $z = b_i$ の近傍における Laurant 展開は

$$A(z) = \frac{1}{z - b_i} + \{(z - b_i) \text{ の整級数}\} \tag{6}$$

の形となる．

さて，方程式（♯）の点 a_i における決定方程式の根を λ_i, μ_i としよう．また点 ∞ における決定方程式の根を $\lambda_\infty, \mu_\infty$ としよう．w_1 は $w_1 \circ \gamma = a(\gamma) w_1$（$\forall \gamma \in \Gamma$）を満たすから，$w_1$ は点 a_i の近傍で

$$w_1 = (z - a_i)^{\lambda_i} \sum_0^\infty c_n (z - a_i)^n,$$

または

$$w_1 = (z - a_i)^{\mu_i} \sum_0^\infty c_n (z - a_i)^n$$

の形でなければならぬ．そして，$e^{2\pi\sqrt{-1}\lambda_i}$ または $e^{2\pi\sqrt{-1}\mu_i}$ が $a(\gamma_i)$ に等しい．ここに γ_i は点 a_i のまわりの正の向きのひとまわりである．

また，$z = \infty$ のまわりで

$$\begin{cases} w_1 = t^{\lambda_\infty} \sum c_n t^n, \\ \text{または} & \left(t = \dfrac{1}{z}\right) \\ w_1 = t^{\mu_\infty} \sum c_n t^n \end{cases}$$

の形である．そして $e^{2\pi\sqrt{-1}\lambda_\infty}$ または $e^{2\pi\sqrt{-1}\mu_\infty} = a(\gamma_\infty)$ である．

それゆえ，$z=a_i$ の近傍で

$$A(z) = \frac{\dfrac{dw_1}{dz}}{w_1}$$

$$= \begin{cases} \dfrac{\lambda_i}{z-a_i} + (z-a_i\text{の整級数}), \\ \text{または} \\ \dfrac{\mu_i}{z-a_i} + (z-a_i\text{の整級数}) \end{cases}$$

である．また $z=a$ の近傍で，

(7)

$$A(z) = \frac{\dfrac{dw_1}{dz}}{w_1} = \frac{-t^2\dfrac{dw_1}{dt}}{w_1} = \begin{cases} -\lambda_\infty t + \cdots \\ -\mu_\infty t + \cdots \end{cases}.$$

それゆえ，

$$\begin{cases} A(z) = \sum\limits_{i=1}^{n} \dfrac{\rho_i}{z-a_i} + \sum\limits_{i=1}^{s} \dfrac{1}{z-b_i}, \\ \sum\limits_{i=1}^{n} \rho_i + s = -\rho_\infty \end{cases}$$

でなければならぬ．ここで ρ_i は λ_i または μ_i，ρ_∞ は λ_∞ または μ_∞ のうちのそれぞれ適当な一方である．

一方，$w_1 = e^{\int A(z)dz}$ は (♯) の解であるから，

$$\frac{dw_1}{dz} = A(z)w_1,$$

$$\frac{d^2w_1}{dz^2} = \frac{dA(z)}{dz}w_1 + A(z)\frac{dw_1}{dz} = \frac{dA}{dz}w_1 + A(z)^2 w_1$$

より

$$\begin{aligned} 0 &= \frac{d^2w_1}{dz^2} + P(z)\frac{dw_1}{dz} + Q(z)w_1 \\ &= \left\{\frac{dA}{dz} + A(z)^2 + P(z)A(z) + Q(z)\right\}w_1, \end{aligned}$$

すなわち

$$(8) \qquad \frac{dA}{dz} + A(z)^2 + P(z)A(z) + Q(z) = 0$$

をうる．記号を節約するために $b_j = a_{n+j}$，$\rho_{n+j} = 1$ $(j = 1, \cdots, s)$; $n+s=m$ とおくと

$$A(z) = \sum_{i=1}^{m} \frac{\rho_i}{z-a_i}.$$

ゆえに

$$\frac{dA}{dz} = \sum_{i=1}^{m} \frac{-\rho_i}{(z-a_i)^2}.$$

$$\begin{aligned} A(z)^2 &= \sum_{i=1}^{m} \frac{\rho_i^2}{(z-a_i)^2} + \sum_{i\neq j} \frac{\rho_i\rho_j}{(z-a_i)(z-a_j)} \\ &= \sum_{i=1}^{m} \frac{\rho_i^2}{(z-a_i)^2} + \sum_{i\neq j}\left(\frac{1}{z-a_i} + \frac{-1}{z-a_j}\right)\frac{\rho_i\rho_j}{a_i-a_j} \\ &= \sum_{i=1}^{m} \frac{\rho_i^2}{(z-a_i)^2} + \frac{2}{z-a_i}\left(\sum_{i\neq j}\frac{\rho_i\rho_j}{a_i-a_j}\right). \end{aligned}$$

また，$\alpha_{n+j} = 0$，$\beta_{n+j} = 0$，$\delta_{n+j} = 0$ $(j = 1, \cdots, s)$ とすると，

$$P(z)A(z) = \sum_{i=1}^{m} \frac{\alpha_i}{z-a_i} \sum_{i=1}^{m} \frac{\rho_i}{z-a_i}$$

$$= \sum_{i=1}^{m} \frac{\alpha_i \rho_i}{(z-a_i)^2} + \sum_{i \neq j} \frac{\alpha_i \rho_j}{(z-a_i)(z-a_j)}$$

$$= \sum_{i=1}^{m} \frac{\alpha_i \rho_i}{(z-a_i)^2}$$

$$+ \sum_{i \neq j} \left(\frac{1}{z-a_i} - \frac{1}{z-a_j} \right) \frac{\alpha_i \rho_j}{a_i - a_j}$$

$$= \sum_{i=1}^{m} \left\{ \frac{\alpha_i \rho_i}{(z-a_i)^2} \right.$$

$$\left. + \frac{1}{z-a_i} \sum_{i \neq j} \left(\frac{\alpha_i \rho_j + \alpha_j \rho_i}{a_i - a_j} \right) \right\},$$

$$Q(z) = \sum_{i=1}^{m} \left\{ \frac{\beta_i}{(z-a_i)^2} + \frac{\delta_i}{z-a_i} \right\}$$

であるから，(8) は

(9)

$$0 = \sum_{i=1}^{m} \left[\frac{1}{(z-a_i)^2} (-\rho_i + \rho_i^2 + \alpha_i \rho_i + \beta_i) \right.$$

$$\left. + \frac{1}{z-a_i} \left\{ \sum_{i \neq j} \frac{1}{a_i - a_j} (2\rho_i \rho_j + \alpha_i \rho_j + \alpha_j + \rho_i) + \delta_i \right\} \right]$$

となる．それゆえ

(10) $$\rho_i^2 - \rho_i + \alpha_i \rho_i + \beta_i = 0,$$

(11) $$\sum_{i \neq j} \frac{1}{a_i - a_j} (2\rho_i \rho_j + \alpha_i \rho_j + \alpha_j \rho_i) + \delta_i = 0$$

$$(i = 1, \cdots, m)$$

でなければならぬ．(10) は ρ_i が決定方程式の根であることに他ならない．(11) を，$a_i (i=1, \cdots, m), \rho_j, \alpha_j$ を既知数として $b_k = a_{n+k}$ $(k=1, \cdots, s)$ を未知数とする代数方程式とみる．

この方程式を解いて，$b_1, \cdots, b_s$ を決定することができれば，$A(z) = \sum_{i=1}^{n} \frac{\rho_i}{z-a_0} + \sum \frac{1}{z-b_i}$ が定まる．

（まとめ） $A(z)$ の定め方：(♯) の決定方程式の根を $a_1, \cdots, a_n, \infty$ において，それぞれ λ_1, μ_1；λ_2, μ_2；…；λ_n, μ_n；$\lambda_\infty, \mu_\infty$ とする．λ_i, μ_i の一方をとり出し，ρ_i とおく．それゆえ，$\rho_1, \cdots, \rho_n, \rho_\infty$ のきめ方は 2^{n+1} 通りある．その 2^{n+1} 通りのうち $\sum_{i=1}^{n} \rho_i + \rho_\infty = -s$ が負または0の整数であるような $\rho_1, \cdots, \rho_n, \rho_\infty$ のみをのこし，他はすてるものとする．それゆえ，$\rho_1, \cdots, \rho_n, \rho_\infty$ の合格するえらび方は 2^{n+1} 通りよりかなり減るはずである．もし $\rho_1, \cdots, \rho_n, \rho_\infty$ をどのようにえらんでも $\sum \rho_i + \rho_\infty$ が負または0の整数にならなければ，求める $A(z)$ は存在せず，(♯) は $\boldsymbol{C}(z)$ 上に L_0 型ではないのである．

合格した組 $(\rho_1, \cdots, \rho_n, \rho_\infty)$ のひとつひとつに対して $s = -(\sum \rho_i + \rho_\infty)$ とおき連立代数方程式

$$
(12)\quad \begin{cases} 0=\delta_i+\displaystyle\sum_{\substack{i\neq j\\ i\leqq j\leqq n}}\frac{1}{a_i-a_j}(2\rho_i\rho_j+\alpha_i\rho_j+\alpha_j\rho_i) \\ \qquad +\left(\displaystyle\sum_{k=1}^{s}\frac{1}{a_i-x_k}\right)(2\rho_i+\alpha_i) \\ \qquad\qquad\qquad\qquad (i=1,2,\cdots,n), \\ 0=\displaystyle\sum_{j=1}^{n}\frac{1}{x_i-a_j}(2\rho_j+\alpha_j)+\sum_{\substack{k=1\\ k\neq i}}^{s}\frac{2}{x_i-x_k} \\ \qquad\qquad\qquad\qquad (i=1,2,\cdots,s) \end{cases}
$$

を解く．(12) が解 $(x_1, x_2, \cdots, x_s)=(b_1, b_2, \cdots, b_s)$ をもてば，

$$
A(z)=\sum_{i=1}^{n}\frac{\rho_i}{z-a_i}+\sum_{k=1}^{s}\frac{1}{z-b_k}
$$

が求める $A(z)$ の 1 つである．この方程式 (12) が解をもたなければ，求める $A(z)$ は存在しない．したがって微分方程式 (♮) は $\boldsymbol{C}(z)$ 上に L_0 型でない．

このように $A(z)$ が求まれば

$$
\begin{aligned}
(13)\qquad w_1(z) &= e^{\int A(z)dz} \\
&= e^{\sum \rho_i \log(z-a_i)+\sum \log(z-b_k)} \\
&= \prod_{i=1}^{n}(z-a_i)^{\rho_i}\times\prod_{k=1}^{s}(z-b_k)
\end{aligned}
$$

であり，一般解は

$$(14)\quad w = Cw_1\int w_1^{-2}e^{-\int P\,dz}dz + C'w_1$$
$$= Cw_1\int w_1^{-2}e^{-\sum\alpha_i\log(z-a_i)}dz + C'w_1$$
$$= C\prod_{i=1}^{n}(z-a_i)^{\rho_i}\prod_{k=1}^{s}(z-b_k)$$
$$\times\int\prod_{i=1}^{n}(z-a_i)^{-2\rho_i-\alpha_i}\prod_{k=1}^{s}(z-b_k)^{-2}dz$$
$$+C'w_1.$$

［E］ **例題**：

$$\frac{d^2w}{dz^2}+\left\{\frac{1}{3z}+\frac{1}{6(z-1)}\right\}\frac{dw}{dz}$$
$$+\left\{-\frac{1}{3z^2}-\frac{1}{6(z-1)^2}+\frac{1}{2z(z-1)}\right\}w=0$$

を解け.

解　これが L_0 型に解けるかどうかをしらべる.

$$\begin{cases} P(z)=\dfrac{1}{3z}+\dfrac{1}{6(z-1)}, \\ Q(z)=-\dfrac{1}{3z^2}-\dfrac{1}{6(z-1)^2}+\dfrac{1}{2z(z-1)} \\ \qquad\;=-\dfrac{1}{3z^2}-\dfrac{1}{6(z-1)^2}-\dfrac{1}{2z}+\dfrac{1}{2(z-1)} \end{cases}$$

であるから，特異点は0，1，∞ で，それぞれの点における決定方程式は，$\alpha_0=\frac{1}{3}$，$\beta_0=-\frac{1}{3}$，$\alpha_1=\frac{1}{6}$，$\beta_1=-\frac{1}{6}$，$\delta_0=-\frac{1}{2}$，$\delta_1=\frac{1}{2}$，$\alpha_\infty=2-\alpha_1-\alpha_0=\frac{3}{2}$，$\beta_\infty=\beta_0+\beta_1+\delta_1=0$ だから

特異点	決定方程式	2根 λ	μ
0	$X(X-1)+\dfrac{1}{3}X-\dfrac{1}{3}=0$	$-\dfrac{1}{3}$	1
1	$X(X-1)+\dfrac{1}{6}X-\dfrac{1}{6}=0$	$-\dfrac{1}{6}$	1
∞	$X(X-1)+\dfrac{3}{2}X=0$	$-\dfrac{1}{2}$	0

である．

$\lambda_0=-\dfrac{1}{3}$，$\mu_0=1$；$\lambda_1=-\dfrac{1}{6}$，$\mu_1=1$；$\lambda_\infty=-\dfrac{1}{2}$，$\mu_\infty=0$とおく．$\delta_i=\lambda_i$または$\mu_i$とし，$\delta_0+\delta_1+\delta_\infty=0$または負の整数となる組合せは，$\delta_0=\lambda_0$，$\delta_1=\lambda_1$，$\delta_\infty=\lambda_\infty$しかない：$\lambda_0+\lambda_1+\lambda_\infty=-\dfrac{1}{3}-\dfrac{1}{6}-\dfrac{1}{2}=-1$，ゆえに$s=1$．ゆえに，与えられた方程式が$L_0$型に解けるなら，それは

$$w_1(z)=e^{\int A(z)dz}=z^{-\frac{1}{3}}(z-1)^{-\frac{1}{6}}(z-C).$$

ただし，

$$A(z)=\frac{-\frac{1}{3}}{z}+\frac{-\frac{1}{6}}{z-1}+\frac{1}{z-C}$$

の形の解$w_1(z)$を持つはずである．$A(z)$は$A'+A^2+AP+Q=0$を満たさねばならず，この条件からCを求めるなら，$w_1(z)$がたしかに1解となる．その条件は方程式（12）と同値で，このばあい，これは

$$\begin{cases} 0=-\dfrac{1}{2}+\dfrac{1}{0-1}\left\{2\left(-\dfrac{1}{3}\right)\left(-\dfrac{1}{6}\right)+\dfrac{1}{3}\left(-\dfrac{1}{6}\right)\right. \\ \qquad \left.+\dfrac{1}{6}\left(-\dfrac{1}{3}\right)\right\}+\dfrac{1}{0-C}\left\{2\left(-\dfrac{1}{3}\right)+\dfrac{1}{3}\right\}, \\ 0=\dfrac{1}{2}+\dfrac{1}{1-0}\left\{2\left(-\dfrac{1}{3}\right)\left(-\dfrac{1}{6}\right)+\dfrac{1}{6}\left(-\dfrac{1}{3}\right)\right. \\ \qquad \left.+\dfrac{1}{3}\left(-\dfrac{1}{6}\right)\right\}+\dfrac{1}{1-C}\left\{2\left(-\dfrac{1}{6}\right)+\dfrac{1}{6}\right\}, \\ 0=\dfrac{1}{C}\left\{2\left(-\dfrac{1}{3}\right)+\dfrac{1}{3}\right\}+\dfrac{1}{C-1}\left\{2\left(-\dfrac{1}{6}\right)+\dfrac{1}{6}\right\} \end{cases}$$

である．この3つの方程式はみな同値で，これから $C=\dfrac{2}{3}$ と解ける．それゆえ，与えられた方程式は L_0 型であり，$w_1(z)=z^{-\frac{1}{3}}(z-1)^{-\frac{1}{6}}\left(z-\dfrac{2}{3}\right)$ なる1解を持つはずである．実際験算してみるとそうなっている．

他の解は

$$\begin{aligned} w_2(z) &= w_1(z)\int w_1(z)^{-2}e^{-\int P(z)dz}dz \\ &= z^{-\frac{1}{3}}(z-1)^{-\frac{1}{6}}\left(z-\frac{2}{3}\right) \\ &\qquad \times\int z^{\frac{1}{3}}(z-1)^{\frac{1}{6}}\left(z-\frac{2}{3}\right)^{-2}dz \end{aligned}$$

である．

さよならはHATTARIのあとで

第 ∞ 週　いいもらしたこと

［A］ いままで2階微分方程式のみを考えてきたが，n 階微分方程式に対しても同様な理論が可能である．n 階線型微分方程式は $w^{(n)}+P_1(z)w^{(n-1)}+\cdots+P_nw=0$ の形の方程式であるが，いっそのこと，1階連立線形微分方程式の形にして，扱った方が扱いやすい．

$$A(z)=\begin{pmatrix} a_{11}(z) & a_{12}(z),\cdots,a_{1n}(z) \\ a_{21}(z) & a_{22}(z),\cdots,a_{2n}(z) \\ \cdots & \cdots \qquad \cdots \\ a_{n1}(z) & a_{n2}(z),\cdots,a_{nn}(z) \end{pmatrix}$$

を z の有理関数を成分とする $n\times n$ 行列，$w_1, w_2, \cdots, w_n$ を n 個の未知関数として，連立微分方程式

$$(\sharp)\qquad \begin{pmatrix} \dfrac{dw_1}{dz} \\ \dfrac{dw_2}{dz} \\ \vdots \\ \dfrac{dw_n}{dz} \end{pmatrix} = A(z)\begin{pmatrix} w_1 \\ w_2 \\ \vdots \\ \vdots \\ w_n \end{pmatrix}$$

を考えるのである．$\det A(z) \neq 0$ とする．ベクトル $\begin{pmatrix} w_1 \\ w_2 \\ \vdots \\ w_n \end{pmatrix}$

を $\boldsymbol{w}$ と書くなら (♯) は

$$(\sharp) \qquad \frac{d\boldsymbol{w}}{dz} = A(z)\boldsymbol{w}$$

となる．

2 階微分方程式 $\dfrac{d^2w}{dz^2} + P(z)\dfrac{dw}{dz} + Q(z)w = 0$ は $\dfrac{dw}{dz} = u$ とおくならば，1 階連立方程式

$$\begin{cases} \dfrac{dw}{dz} = u, \\ \dfrac{du}{dz} = -P(z)u - Q(z)w \end{cases}$$

となるであろう．同様に n 階線型常微分方程式はある 1 階連立微分方程式 (♯) と同値になるのである．

(♯) の 1 次独立な解を $\boldsymbol{w} = \boldsymbol{\varphi}_1, \boldsymbol{w} = \boldsymbol{\varphi}_2, \cdots, \boldsymbol{w} = \boldsymbol{\varphi}_n$ とし，行列

$$\Omega(z) = (\boldsymbol{\varphi}_1, \boldsymbol{\varphi}_2, \cdots, \boldsymbol{\varphi}_n)$$

を考える．これは $n \times n$ 行列である．

$$\frac{d\Omega}{dz} = A(z)\Omega, \qquad \det \Omega \neq 0 \quad (\text{いたるところ})$$

が満たされる．(♯) のすべての解 $\boldsymbol{w} = \begin{pmatrix} w_1 \\ \vdots \\ w_n \end{pmatrix}$ の各成分 w_i が皆たかだか確定特異点しか持たぬとき，(♯) を

Fuchs型という．

$D=\boldsymbol{C}-\{a_1, \cdots, a_n\}$ とし，D の基本群 $\pi_1(D)$ を Γ と書く．Γ を $\tilde{D} \longrightarrow D$ の被覆変換群と思う．$\boldsymbol{\varphi}_i(\gamma^{-1}(z))$ も（♯）の解だから $\boldsymbol{\varphi}_1, \cdots, \boldsymbol{\varphi}_n$ の1次結合で書ける．すなわち

$$(\boldsymbol{\varphi}_1(\gamma^{-1}(z)), \cdots, \boldsymbol{\varphi}_n(\gamma^{-1}(z))) = (\boldsymbol{\varphi}_1(z), \cdots, \boldsymbol{\varphi}_n(z))\Lambda(\gamma)$$

または

$$\Omega \circ \gamma^{-1} = \Omega \Lambda(\gamma)$$

と書ける．$\Lambda(\gamma)$ は $n \times n$ 行列で $\gamma \longmapsto \Lambda(\gamma)$ は Γ の線型表現である．これが（♯）の monodromy 表現である．そして（♯）が $\boldsymbol{C}(z)$ 上に L_0 型であるためには，表現 Λ が三角化可能，すなわち

$$\Lambda(\gamma) \sim \begin{pmatrix} c_{11}(\gamma) & & & * \\ & c_{22}(\gamma) & & \\ & & \ddots & \\ 0 & & & c_{nn}(\gamma) \end{pmatrix}$$

の形の表現と同値なことである．

［B］　前記（定理17.2）（定理19.3）でも，十分性だけを証明して，必要性の証明は与えなかった．十分性の証明は，あまり文献に見あたらない．著者手持の（自家用の）証明のあらすじはつぎのとおり．

予備定理∞.1　（♯）がFuchs型であると，（♯）の monodromy 群 $\Lambda(\Gamma)=\{\Lambda(\gamma) \mid \gamma \in \Gamma\}$ は（♯）の Picard-Vessiot 群 G の中で Zariski-dense である.

証明 $G \supset \Lambda(\Gamma)$ は明らかである. $\Lambda(\Gamma)$ を含む最小の algebraic set を H とすると, $G \supset H$ で H は代数群である. Picard-Vessiot 理論により H に対応する $\boldsymbol{C}(z)$ の Picard-Vessiot 拡大を K とする.

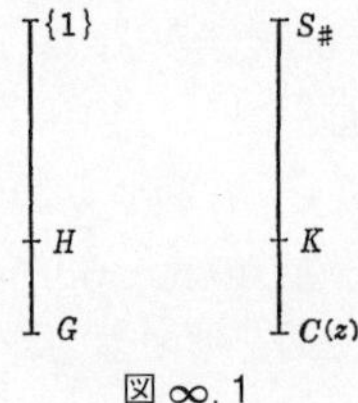

図 ∞. 1

$H \supset \Lambda(\Gamma)$ だから K の任意の関数 $\varphi(z)$ は D 上 1 価である. すなわち $\varphi(z) \in K(D)$, 一方 $\varphi(z) \in S_\sharp$, ゆえに 19 週 (5) により, $\varphi(z) \in K(D) \cap S_\sharp = \boldsymbol{C}(z)$. すなわち $K = \boldsymbol{C}(z)$ である. それゆえ, また Picard-Vessiot 理論により $H = G$. すなわち $\Lambda(\Gamma)$ を含む最小の algebraic set は Picard-Vessiot 群 G である. Q. E. D.

それゆえ, $\Lambda(\Gamma)$ が三角化可能なら, G も三角化可能である. ゆえに Picard-Vessiot の解法理論により, ($\sharp$) は L_0 型である. Q. E. D.

Picard-Vessiot 理論については, Kaplansky の本 [19] に手軽に書いてある.

[C] ($\sharp$) が $\boldsymbol{C}(z)$ 上に L 型であるためには, G の連結

成分 G_0 が三角化可能なことが必要十分である．それゆえ Λ の言葉でいえば，Γ に index 有限な normal subgroup Γ_0 があり，$\Lambda\,|\,\Gamma_0$ が三角化可能なことである．

［D］　しかし，Fuchs 型の微分方程式の理論の目標はこのような，解法理論にあるべきではない．第 19 週にみたように，L_0 型に解ける解は（14）のような簡単な関数である．これではつまらない．

Fuchs 型微分方程式論の真のダイゴ味はそれが L_0 型に解けない場合にある．そのとき，$\Lambda(\Gamma)$ は三角化されぬ．しかし全く一般な方程式は，とてもむつかしいから，まず monodromy 表現 Λ が discrete group になる場合にかぎろう．Poincaré らが持っていた構想はつぎのとおりである．(♮) を 2 階微分方程式 $w''+Pw'+Qw=0$ とし，その monodromy 表現 $\Lambda(\Gamma)$ が $SL(2,\boldsymbol{R})$ の discrete subgroup で $\Lambda(\Gamma)\backslash SL(2,\boldsymbol{R})$ が体積有限とする．つまり $\Lambda(\Gamma)$ は第 1 種 Fuchs 群である．

(♮) の 2 解を φ_1,φ_2 とし

$$(\varphi_1\circ\gamma,\varphi_2\circ\gamma)=(\varphi_1,\varphi_2)\Lambda(\gamma)$$

とする．

$$\Lambda(\gamma)=\begin{pmatrix} a(\gamma) & b(\gamma) \\ c(\gamma) & d(\gamma) \end{pmatrix}.$$

$\varphi_1(z)/\varphi_2(z)=\tau(z)$ とおくと，対応 $\tilde{z}\longmapsto\tau(\tilde{z})$ により $\tilde{D}$ は $\boldsymbol{C}$ のある領域 $\mathscr{D}$ にうつされる．

簡単のため $\tilde{z}\longmapsto\tau(\tilde{z})$ を 1 対 1 とする．

$$\tau \circ \gamma(\tilde{z}) = \frac{a(\gamma)\tau + b(\gamma)}{c(\gamma)\tau + d(\gamma)}$$

となるから，$\mathscr{D}$ は Fuchs 群 $\Lambda(\Gamma)$ で不変である．それゆえ，$\mathscr{D}$ は上半平面か下半平面であるが上半平面としてよい．$\mathscr{D} = \{\tau = x + iy \mid y > 0\}$．$\tilde{z} \longmapsto \tau(\tilde{z})$ の逆写像を $F : \tau \longmapsto \tilde{z}(\tau)$，これと $\tilde{D} \xrightarrow{z} D$ の合成を $f = z \circ F$ とすれば，

$$f\left(\frac{a(\gamma)\tau + b(\gamma)}{c(\gamma)\tau + d(\gamma)}\right) = f(\tau).$$

すなわち，f は $\Lambda(\Gamma)$ に属する automorphic function（保型関数）である．ゆえに，いまわれわれが保型関数のことはよく知っていると仮定するなら（たとえば zeta-fuchs 関数の比として書ける），f は既知として τ はその逆関数として定まり，$\tau = \dfrac{\varphi_1}{\varphi_2}$ が定まるから，これと $\begin{vmatrix} \varphi_1 & \varphi_2 \\ \varphi_1' & \varphi_2' \end{vmatrix} = W = e^{\int P dz}$ とを合わせ φ_1，φ_2 が定まる．

Poincaré のその後の Fuchs 型の常微分方程式の idea は多かれ少なかれ，この idea の拡張変形である．

$\Lambda(\Gamma)$ が discrete になるのはいつか？　また $SL(2, \boldsymbol{R})$ に入るのはいつか？　等々の問題が派生する．それについては，第（$\infty + 1$）週に何やら書いておいた．

［E］ いずれにせよ，微分方程式を与えてその monodromy 表現を求めるのは，きわめて重要な問題である．

それについては是非論ずべきであるが紙数がつきた．特別な場合については，第（$\infty+1$）週にのべておいた．

この問題はきわめてむつかしく，一般には解けていない．しかしガウスの微分方程式

（♯♯）　$x(1-x)y''+\{\gamma-(\alpha+\beta+1)x\}y'-\alpha\beta y=0$

の場合は解けている．それはこの方程式の解は Euler 積分表示

$$y=\oint_C u^{p-1}(u-1)^{q-1}(u-x)^{r-1}du$$

（ただし，$p=1+\alpha-\gamma,\, q=\gamma-\beta,\, \gamma=1-\alpha.$）

を持つからである．$\oint_C$ の積分路 C は関数 $u^{p-1}(u-1)^{q-1}(u-x)^{r-1}$ を定義するリーマン面 R_x の closed curve（0 homologue でないもの）である．

これはきわめて重要なことであるから読者の自習をのぞみたい．たとえば福原［12］，J. Plemelj［28］などに書いてある．

結果だけ書いておく．（♯♯）の特異点は $0,1$ だから $D=\boldsymbol{C}-\{0,1\}$，$\pi_1(D)=\Gamma$ は 2 個の生成元 γ_0,γ_1 から生成される自由群である．ただし $\gamma_i\,(i=0,1)$ はそれぞれ $0,1$ のまわりを正の向きに一周する路（図 ∞.2）．Γ の表現 Λ は 2 個の行列 $\Lambda(\gamma_0),\Lambda(\gamma_1)$ で決定される．

さて，monodromy 表現 Λ は，

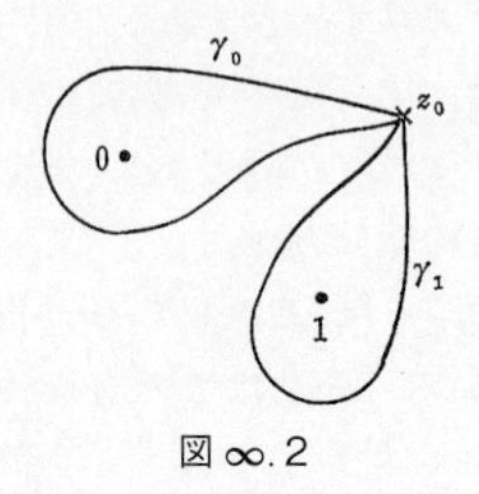

図 ∞. 2

$$\Lambda(\gamma_0) = \begin{pmatrix} e^{2\pi i(p+r)} & 0 \\ e^{2\pi i(p+r)} - e^{2\pi ir} & 1 \end{pmatrix},$$

$$\Lambda(\gamma_1) = \begin{pmatrix} 1 & e^{2\pi i(q+r)} - e^{2\pi ir} \\ 0 & e^{2\pi i(q+r)} \end{pmatrix}.$$

問題　2つの 2×2 行列 S_1, S_2 が生成する群が，三角化可能であるためには，等式 $\det(S_1S_2 - S_2S_1) = 0$ が成立することが，必要かつ十分であることを示せ．

問題　ガウスの微分方程式（卌）が L_0 型であるための条件は，p が整数または q が整数，または $(e^{2\pi i(p+r)} - 1)(e^{2\pi i(q+r)} - 1) = e^{2\pi i\cdot 2r}(e^{2\pi ip} - 1)(e^{2\pi iq} - 1)$ が成立することである．またこの方程式が L_0 型である上に，さらに $cz^{\lambda_0}(z-1)^{\lambda_1} \times (z$ の多項式$) + c'z^{\mu_0}(z-1)^{\mu_1} \times (z$ の多項式$)$ の型の解しか持たぬための条件は p, q, r のうちの2つが整数であることである．

（注意）　第1の条件は $\det(\Lambda(\gamma_0)\Lambda(\gamma_2) - \Lambda(\gamma_2)\Lambda(\gamma_1))$ $= 0$ より出る．第2の条件は $\Lambda(\gamma_0)\Lambda(\gamma_1) = \Lambda(\gamma_2)\Lambda(\gamma_1)$

の書きかえである.

福原・大橋［15］を参照.

［F］ 基本群 $\Gamma=\pi_1(D;O)$ の表現 Λ を与えて, Λ を monodromy 表現とする微分方程式 (♯) $\dfrac{dw}{dz}=A(z)w$ を決定する問題を Riemann の問題という. Hilbert［11］はこの問題を積分方程式の問題に帰着させた. それについては Plemelj［28］に解説がある. なおこの問題は Röhl により一般的に解決された.

［G］ ここではつぎのことを注意しておく：2つのフックス型微分方程式 (♯) $\dfrac{d\boldsymbol{w}}{dz}=A(z)\boldsymbol{w}$, (♯♯) $\dfrac{d\boldsymbol{u}}{dz}=B(z)\boldsymbol{u}$ が同じ特異点の集合 $\{a_1, a_2, \cdots, a_n\}$ をもち, かつ $\Gamma=\pi_1(\boldsymbol{C}-\{a_1, \cdots, a_n\})$ の (♯), (♯♯) による monodromy 表現が同じになるなら, (♯) と (♯♯) とは互いに有理的に変換可能である. なぜならその同一の monodromy 表現を $M(\gamma)$ $(\gamma\in\Gamma)$ とし, (♯), (♯♯) の解の基底 $(w_1, \cdots, w_n)=\Omega(\tilde{z})$, $(u_1(\tilde{z}), \cdots, u_n(\tilde{z}))=\Theta(\tilde{z})$ を適当にとって $\Omega(\gamma\tilde{z})=\Omega(\tilde{z})M(\gamma)$, $\Theta(\gamma\tilde{z})=\Theta(\tilde{z})M(\gamma)$ とならしめるなら, $\Omega(\tilde{z})\Theta(\tilde{z})^{-1}=R(\tilde{z})$ は Γ の作用で不変である. じっさい $R(\gamma\tilde{z})=\Omega(\gamma\tilde{z})\Theta(\gamma\tilde{z})^{-1}=\Omega(\tilde{z})M(\gamma)(\Theta(\tilde{z})M(\gamma))^{-1}=\Omega(\tilde{z})M(\gamma)M(\gamma)^{-1}\Theta(\tilde{z})^{-1}=\Omega(\tilde{z})\Theta(\tilde{z})^{-1}=R(\tilde{z})$. それゆえ, 第19週の定理19.1により, $R(\tilde{z})=R(z)$ は z の有理関数である. そして $\Omega(\tilde{z})=R(z)\Theta(\tilde{z})$, つまり (♯) の解 w_i は (♯♯) の解 u_j の成分 $u_{ij}(\tilde{z})$ と有理関数と

を用いて書きあらわされる．つまり（♯）は（♯♯）から有理的な変換でえられる．

$A(z)=\Omega(\tilde{z})'\Omega(\tilde{z})^{-1}$，$B(z)=\Theta(\tilde{z})'\Theta(\tilde{z})^{-1}$ であるから，

$$\begin{aligned}A(z)&=\Omega'\Omega^{-1}=(R\Theta)'(R\Theta)^{-1}\\&=(R'\Theta+R\Theta')\Theta^{-1}R^{-1}=R'R^{-1}+RBR^{-1}.\end{aligned}$$

すなわち $A(z)$ は $B(z)$ から

$$A(z)=R'(z)R(z)^{-1}+R(z)B(z)R(z)^{-1}$$

によってえられる．

こういう意味で Fuchs 型の微分方程式は，その特異点集合と monodromy 表現とで有理変換を除き一意的に定まる．

第 $\infty+1$ 週　展望

ここにこの講義を閉じるまえに関連する諸分野を展望し，あわせて二，三の HATTARI をのべて，閉講のあいさつとしたい．

［A］　われわれの出発点は（Fuchs 型の）線型微分方程式であった．しかしわれわれは大部分の微分方程式に対してはその monodromy 表現を決定する方法を持たず，それが可能なのは，微分方程式の解が Euler 型の積分表示を持つ場合だけである．それゆえ，われわれの関心の対象は，Euler 積分を持つ場合だけに限るべきであろう．Euler 積分を持たぬ一般の場合にも monodromy 表現の決定を試みようという“一般化への努力”はたしかに尊重さるべきではあろうが，私の嗅覚は，それが，よい型の理論にまとめ上げられるだろうという何の理由もかぎとらない．空疎な一般論よりは，「深み」を偏愛するわれわれ数論屋としては（注：著者の本職は整数論である），“構造”の豊かな特殊な族をこそ求めるべきであろう．それゆえ，われわれの関心の対象を，Euler 積分を持つもののみに限ることとする．さらにその上，monodromy は discrete

であるべきであろうか？　それはあまりにも強い要求であるとしても，少なくとも，それに近い，何かの“有限性”を要求すべきであろう．たとえばRiemannの場合のようにEuler積分が

$$\oint x^{\alpha}(1-x)^{\beta}(1-\lambda x)^{\gamma}dx = F(\lambda)$$

の形であるとしたら，その要求は$\alpha, \beta, \gamma \in \boldsymbol{Q}$ということを含むのであろうか？　もしそうだとしたらこれはじつは，代数的な微分の周期である．そしてこの$F(\lambda)$はパラメーターλを含む代数曲線の族

$$C_{\lambda} : y^{n} = x^{a}(1-x)^{b}(1-\lambda x)^{c}$$

$$\left(\alpha = \frac{a}{n}, \beta = \frac{b}{n}, \gamma = \frac{c}{n}\right)$$

の微分$w_{\lambda} = ydx = x^{\alpha}(1-x)^{\beta}(1-\lambda x)^{r}$の周期$\oint w_{\lambda}$を$\lambda$の関数と見たものである．つまりanalyticな“moduli”をalgebraicな“moduli”の関数と見たものである．それゆえ，これはcurvesの族の問題となり，これはむしろ代数幾何の問題であって，微分方程式の影はうすくなる．

逆にこの型の関数は，monodromy群がdiscreteであるとか，それに近い性質を持つべきである，というわれわれの要求を，かなり満たしている．それを説明しよう．

Sを代数曲面，$\varDelta$を複素平面より有限個の点を除いたものとし，$S \xrightarrow{\varpi} \varDelta$を全射有理写像でいたるところ定義

されているものとする．これらすべての定義体 k を用意しておく．$\Delta \ni t$ に対し $\tilde{\omega}^{-1}(t)$ を C_t と書き，fiber とよぶ．t が generic point のとき C_t は完備で non-singular な代数曲線であるとし，その genus を g とする．C_t の specialization で arithmetic genus はかわらないから，$\forall t \in \Delta$ に対し $P_a(C_t) = C_t$ の arithmetic genus$= g$ である．話を簡単にするため，すべての fiber $C_t(\forall t \in \Delta)$ は完備 non-singular としよう．（Δ は完備でなくともよい．）Δ の k 上の generic point t_0 を1つ固定し，その上の fiber C_{t_0}, C_{t_0} の1次元の homology group $H_1(C_{t_0}, \boldsymbol{Z})$ の basis を1組えらんで，$Z_1, \cdots, Z_b$ とする．Δ の普遍被覆を $(\tilde{\Delta}, \tilde{t}_0) \xrightarrow{\pi} (\Delta, t_0)$ とし，fiber bundle $S \xrightarrow{\tilde{\omega}} \Delta$ を $\tilde{\Delta}$ 上に pull back したものを $\pi^*S \xrightarrow{\tilde{\omega}'} \tilde{\Delta}$ と書く．図のように bundle map π' を定める．Δ の点を t などの文字であらわす．π' により，fiber $C_{t_0} \subset S$ は

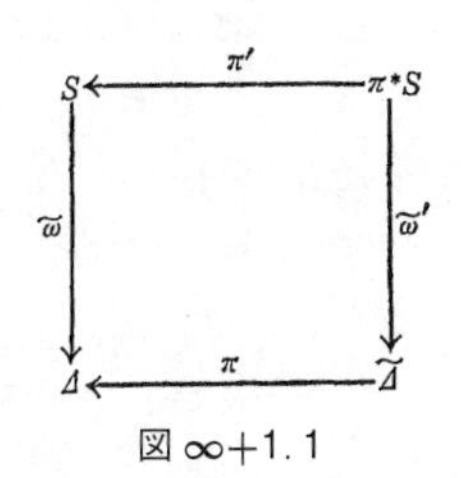

図∞+1.1

π^*S の fiber $C_{\tilde{t}_0}$ と同一視しておく．$\tilde{\Delta}$ の点 $\tilde{t}$ に対し，π^*S の fiber $C_{\tilde{t}}$ の homology group $H_*(C_{\tilde{t}}, \boldsymbol{Z})$ は $C_{\tilde{t}_0} = C_{t_0}$ の homology group $H_*(C_{\tilde{t}_0}, \boldsymbol{Z})$ と canonical に同型

である．その同型対応は $\tilde{t}_0, \tilde{t}$ を結ぶ曲線 A にそっての $C_{\tilde{t}_0} \longrightarrow C_{\tilde{t}}$ の deformation によってえられる．この canonical な同型写像による homology class Z の像を $Z(\tilde{t})$ と書く：

$$H_1(C_{t_0}, \boldsymbol{Z}) \ni Z \longmapsto Z(\tilde{t}) \in H_1(C_{\tilde{t}}, \boldsymbol{Z}).$$

$Z(\tilde{t})$ を $Z = Z(\tilde{t}_0)$ のズラシ（shift）とよぶ．C_{t_0} 上の $k(t_0)$ 上 rational な 1-form $\omega(t_0)$ をとる．そのとき S 上の 1-form ω があり，$\omega|C_{t_0} = \omega(t_0)$ が成立する．$\omega|C_t = \omega(t)$ と書く．$\omega(t)$ は $\omega(t_0)$ の specialization である．ほとんどすべての t に対し $\omega(t)$ が定義できる．$\omega(t)$ を $C_{\tilde{t}}$ 上の form と思うときは $\omega(t) = \omega(\tilde{t})$ と書く．

$Z \in H_1(C_{t_0}, \boldsymbol{Z})$ に対し

$$\int_{Z(\tilde{t})} \omega(\tilde{t}) = \varphi_\omega(\tilde{t}, Z)$$

とおく．これは $\tilde{\varDelta}$ 上の解析関数である．$\varphi_\omega(\tilde{t}, Z)$ が ω, Z につき bi-linear であることは，いうまでもない．また ω が exact であるとき，つまり $\omega = df_{t_0}$ なる $k(t_0)$ 上に定義された C_{t_0} 上の関数 f_{t_0} が存在するとき，f_t を f_{t_0} の specialization とすれば $\omega(t) = df_t$．このとき

$$\varphi_\omega(\tilde{t}, Z) = \int_{Z(t)} df = 0$$

である．

逆に $\varphi_\omega(\tilde{t}, Z)$ がすべての $Z \in H_1(C_{t_0}, \boldsymbol{Z})$ に対して，定数 0 ならば，ω は exact である．

また $\omega(t)$ に対し $\dfrac{d\omega(t)}{dt}$ を考えよう．これの定義は分

明でないが $C_t(t\in\Delta)$ のモデルを同一射影空間の中に一斉に実現することにより，適宜に定義しよう．それはモデルのとり方などに依存するであろうが，modulo exact には一意的であり，しかも C_t の第 2 種微分となるであろう．そして

$$\frac{d}{dt}\varphi_\omega(\tilde{t})=\frac{d}{dt}\int_{Z(\tilde{t})}\omega(t)=\int_{Z(\tilde{t})}\frac{d\omega(t)}{dt}=\varphi_{\frac{d\omega}{dt}}(\tilde{t})$$

となるだろう．

$\omega_1(t_0),\cdots,\omega_{2g}(t_0)$ を C_{t_0} の第 2 種微分の mod exact の底とし，対応して S 上の微分 $\omega_1,\omega_2,\cdots,\omega_{2g}$ をとる．ほとんどすべての t に対し，$\omega_1(t),\omega_2(t),\cdots,\omega_{2g}(t)$ は C_t の第 2 種微分の底となる．$Z\in H_1(C_{t_0},\boldsymbol{Z})$ に対し

$$\int_{Z(\tilde{t})}\omega_i(\tilde{t})=\varphi_i(\tilde{t},Z)$$

とおく．これは $\tilde{\Delta}$ 上の解析関数である．

$\dfrac{d\omega_i(t)}{dt}$ も第 2 種微分ゆえ，

$$\frac{d\omega_i(t)}{dt}\equiv\sum_{j=1}^{2g}a_{ij}(t)\omega_j(t)\quad(\text{mod}\quad\text{exact})$$

と書ける．それゆえ

$$\frac{d}{dt}\varphi_i(\tilde{t},Z)=\sum_j a_{ij}(t)\varphi_j(\tilde{t},Z)$$

である．t に依存する数 $a_{ij}(t)$ は t の解析関数で，多分 Δ 上の有理関数であろう．以下それを認めて話をすすめる．

$2g\times 2g$ 行列 $(a_{ij}(t))$ を $A(t)$ とおき，縦ベクトル

$\begin{pmatrix} \varphi_1(\tilde{t}, Z) \\ \varphi_2(\tilde{t}, Z) \\ \vdots \\ \varphi_{2g}(\tilde{t}, Z) \end{pmatrix}$ を $\boldsymbol{\phi}(\tilde{t}, Z)$ とおけば，上式は

$$\frac{d}{dt}\boldsymbol{\phi}(\tilde{t}, Z) = A(t)\boldsymbol{\phi}(t, Z)$$

と書かれる．つまり $\boldsymbol{\phi}(\tilde{t}, Z)$ は，連立微分方程式

$$(1) \qquad \frac{d}{dt}\boldsymbol{y} = A(t)\boldsymbol{y}, \quad \boldsymbol{y} = \begin{pmatrix} y_1 \\ \vdots \\ y_{2g} \end{pmatrix}$$

の解である．この微分方程式系は Fuchs 型であることは，ほとんど確からしい．（P. A. Griffiths が Proc. N. A. S.，Vol, 55, 1966 においてそのようなことを何やらいっている．）以下それを認めることにする．

$Z^1, Z^2, \cdots, Z^{2g}$ を $H_1(C_{t_0}, \boldsymbol{Z})$ の basis としよう．そのとき $\boldsymbol{\phi}(\tilde{t}, Z^1), \cdots, \boldsymbol{\phi}(\tilde{t}, Z^{2g})$ はこの微分方程式系（1）の 1 次独立な解である．つまり $2g \times 2g$ 行列

$$(\varphi_i(\tilde{t}, Z^j)) = (\boldsymbol{\phi}(\tilde{t}, Z^1), \cdots, \boldsymbol{\phi}(\tilde{t}, Z^{2g}))$$

を $\Omega(\tilde{t})$ とおけば，

$$\frac{d}{dt}\Omega(\tilde{t}) = A(t)\Omega(\tilde{t}), \quad \det \Omega(\tilde{t}) \neq 0$$

である．

さて，Δ の基本群 $\pi_1(\Delta; t_0)$ の $H(C_{t_0}, \boldsymbol{Z})$ への作用を考察しよう．被覆面 $\tilde{\Delta}$ の基点 $\tilde{t}_0$ が指定してあるから，

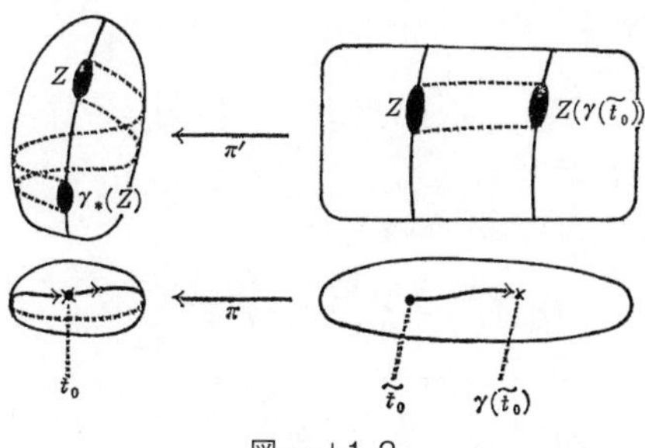

図 ∞+1.2

$\pi_1(\Delta;t_0)$ は $\tilde{\Delta} \xrightarrow{\pi} \Delta$ の被覆変換群 $\Gamma=\Gamma(\tilde{\Delta} \xrightarrow{\pi} \Delta)$ と同一視される．$\pi_1(\Delta;t_0)=\Gamma \ni \gamma$ と $H_1(C_{t_0}, \boldsymbol{Z}) \ni Z$ に対し，$\pi'_*(Z(\gamma(\tilde{t}_0)))$ のことを $\gamma_*(Z)$ と書く．つまり，$Z \in H_1(C_{\tilde{t}_0})$ を点 $\gamma(\tilde{t}_0)$ までズラシ，それを $\pi' : \pi^*S \longrightarrow S$ により，S の fiber $C_{\tilde{t}_0}$ の homology class に移したものを $\gamma^*(Z)$ と書くのである．

$\gamma_* : Z \longmapsto \gamma_*(Z)$ は $H_1(C_{t_0}, \boldsymbol{Z})$ の自己同型である．しかも

(2) $$\varphi_\omega(\gamma(\tilde{t}), Z) = \varphi_\omega(\tilde{t}, \gamma_*(Z))$$

は明らかである．$Z \longmapsto \gamma_*(Z)$ を $H_1(C_{t_0}, \boldsymbol{Z})$ の basis $Z^1, \cdots, Z^{2g}$ を用いて行列であらわそう．すなわち

$$(\gamma_*(Z^1), \cdots, \gamma_*(Z^{2g})) = (Z^1, \cdots, Z^{2g})\Lambda(\gamma) \quad (\gamma \in \Gamma)$$

によって $2g \times 2g$ 行列 $\Lambda(\gamma)$ を定めるのである．$\Lambda(\gamma)$ は有理整係数の行列であることを注意しておく．それゆえとくに，$\{\Lambda(\gamma) \mid \gamma \in \Gamma\}$ は行列の discrete group である．

(2) により

$$(\varphi_\omega(\gamma(\tilde{t}), Z^1), \cdots, \varphi_\omega(\gamma(\tilde{t}), Z^{2g}))$$
$$= (\varphi_\omega(\tilde{t}, Z^1), \cdots, \varphi_\omega(\tilde{t}, Z^{2g}))\Lambda(\gamma)$$

したがって,

$$\Omega(\gamma(\tilde{t})) = \Omega(\tilde{t})\Lambda(\gamma) \quad (\gamma \in \Gamma)$$

である．すなわち，$\gamma \longmapsto \Lambda(\gamma)$ は微分方程式 (1) $\dfrac{d\boldsymbol{y}}{dt} = A(t)\boldsymbol{y}$ の monodromy 表現である．

このようにして，代数曲線 C_t の 1 パラメーター族 $S \longrightarrow \Delta$ を用いて，整行列による monodromy 表現 Λ を持つ，Fuchs 型の微分方程式 (1) がえられた．このような (1) を $S \longrightarrow \Delta$ によって定まる“親型”の微分方程式といおう．(1) の型はもちろん $S \longrightarrow \Delta$ だけではきまらなく，微分の底 $\{\omega_i(t_0)\}$ のとり方に依存する．$\{\omega_i(t_0)\}$ を取りかえて，$\{\omega'_i(t_0)\}$ を採用すれば，$\omega_i(t_0)$ も $\omega'_i(t_0)$ も $k(t_0)$ 上定義されていることから

$$\begin{pmatrix} \omega'_1(t_0) \\ \vdots \\ \omega'_{2g}(t_0) \end{pmatrix} \equiv R(t_0) \begin{pmatrix} \omega_1(t_0) \\ \vdots \\ \omega_{2g}(t_0) \end{pmatrix} \quad (\text{mod} \quad \text{exact})$$

である．$R(t)$ は t の有理関数である．このとき

$$\boldsymbol{\phi}'(\tilde{t}, Z) = R(t)\boldsymbol{\phi}(\tilde{t}, Z), \ \Omega'(\tilde{t}) = R(\tilde{t})\Omega(t),$$
$$A'(t) = R(t)A(t)R(t)^{-1} + \frac{dR}{dt} \cdot R^{-1}$$

であることはすぐわかる．微分方程式はこのようにか

わるが，monodromy 表現 Λ は $\{\omega_i(\tilde{t})\}$ のとり方に依存しない．それは定義からもわかるように，fiber bundle $S \longrightarrow \Delta$ の topological な性質だけによって定まる．

表現 Λ が複素数体 $\boldsymbol{C}$ 内で可約で

$$\Lambda \sim \begin{pmatrix} \Lambda_1 & * \\ \underset{\overset{\longleftrightarrow}{r_1}}{0} & \underset{\overset{\longleftrightarrow}{r_2}}{\Lambda_2} \end{pmatrix} \begin{matrix} \updownarrow r_1 \\ \updownarrow r_2 \end{matrix}$$

と分解するとする．(1) が Fuchs 型であることから，群 $\{\Lambda(\gamma) \mid \gamma \in \Gamma\}$ は Picard–Vessiot 群 G の中で Zariski-dense で，それゆえ，行列群 G も

$$G \sim \begin{pmatrix} G_1 & * \\ 0 & G_2 \end{pmatrix}$$

の形に可約である．この分解に応じて $\Omega(\tilde{t}), A(t)$ を

$$\Omega(\tilde{t}) \sim \begin{pmatrix} \Omega_{11}(\tilde{t}) & \Omega_{12}(\tilde{t}) \\ \Omega_{21}(\tilde{t}) & \Omega_{22}(\tilde{t}) \end{pmatrix},$$

$$A(t) \sim \begin{pmatrix} A_{11}(t) & A_{12}(t) \\ A_{21}(t) & A_{22}(t) \end{pmatrix}$$

と分解すれば Picard–Vessiot 理論により，$\Omega_{11}(\tilde{t})$ が微分方程式の解行列になることがわかる．くわしくいうと，上の分解から，

$$\Omega_{11} \circ \gamma = \Omega_{11}\Lambda_{11}(\gamma), \quad \Omega_{21} \circ \gamma = \Omega_{21}\Lambda_{11}(\gamma).$$

それゆえ，$\Omega_{21}\Omega_{11}^{-1}$ は $\Lambda(\gamma)$ $(\gamma \in \Gamma)$ 不変，ゆえに有理関数 $R(t)$ となる：$\Omega_{21}\Omega_{11}^{-1} = R(t)$．ゆえに $\Omega_{21} = R(t)\Omega_{11}$．一方 $d\Omega_{11}/dt = A_{11}\Omega_{11} + A_{12}\Omega_{21}$ であるが，

$\Omega_{21} = R\Omega_{11}$，ゆえに $d\Omega_{11}/dt = (A_{11} + A_{12}R)\Omega_{11}$．ゆえに Ω_{11} が微分方程式

$$(3) \qquad \frac{d\boldsymbol{Z}}{dt} = (A_{11} + A_{12}R)\boldsymbol{Z}, \quad \boldsymbol{Z} = \begin{pmatrix} z_1 \\ \vdots \\ z_{r1} \end{pmatrix}$$

の解行列となる．

monodromy 表現はもちろん $\Lambda_1(\gamma)$ である．

このようにして Λ の分解から，低階の Fuchs 型の微分方程式をうる．これの monodromy 群 $\{\Lambda_1(\gamma)\}$ は discrete かも知れないし，そうでないかも知れない．($\{\Lambda_1(\gamma)\}$ は discrete でないにせよ，何か数論的に特殊なものであるであろう．整係数表現を分解したものだから．）これを親型（1）に属する子型の方程式という．

あとでみるように，曲線の 1-パラメーター族ばかりでなく，代数曲面の 1-パラメーター族からも，高次元の多様体の 1-パラメーター族からも，同様に Fuchs 型の微分方程式がえられ，monodromy 群の決定は topology の問題となる．問題は discrete な monodromy 表現を持つ微分方程式は，すべてこのようにしてえられるもので尽きるであろうか？ または整行列による monodromy 表現を持つものは，このようなものに限るか？ 等々の問題が生ずる．

さらに，代数多様体の multi-parameter 族からは，連立偏微分方程式系が生ずる．そのような例を以下にかかげ

る．細部は未検討で，かなりアイマイである．

［B］ ほとんどが検証されていない事実（？）ばかりである．すなわち，ほとんどすべてハッタリである．わずかな徴候に想像力を無限大に働らかせて外挿してゆくのだ．数学はこのような段階が一番たのしい．

$$S_{(\lambda,\mu)} : z^2 = xy(1-x-y)(1-\lambda x-\mu y)$$

なる曲面の family を考える．affine 座標で書いたけれど，射影空間中の曲面と考える．(λ, μ) がパラメーターである．この曲面は残念ながら singularity を持つ．しかも singularity を resolute するとなかなか大変になるから，このまま扱う．しかし考えをまとめる便宜上，ある場合にはあたかも singularity がないかのごとく考えることにする．それは，もちろんあやまりであるが，どうせすべてが HATTARI なのだから，まあいいだろう．

パラメーター (λ, μ) を，直線 $1-\lambda x-\mu y=0$ と同一視し，(x, y) 平面 $P^2(\boldsymbol{C})$ と dual な射影平面 $P^2(\boldsymbol{C})$ の点と考えよう．family　$z^2 = xy(1-x-y)(1-\lambda x-\mu y)$ は，ほとんどすべての (λ, μ) の近傍では C^∞ fiber bundle である．singular fibers が生ずるのは直線 $(\lambda, \mu) : 1-\lambda x-\mu y=0$ が 4 直線 $x=0$，$y=0$，$1-x-y=0$，無限遠線の中の 2 本の交点を通るときである．それゆえ dual space $P^2(\boldsymbol{C})$ の上にこの 4 直線を表わす 4 点をとれば，(λ, μ) がその 4 点で定まる完全 4 辺形の 6 本の辺上にあるときが critical である．それゆえ，$P^2(\boldsymbol{C})$ からその完

全四辺形を除いた集合をUと書くならば，family は$U=\{P^2(\boldsymbol{C})-$ 完全四辺形$\}$の上のC^∞ fiber bundle である．この fiber bundle を$V\longrightarrow U$と書こう．U上に generic point $p_0=(\lambda_0,\mu_0)$をとり，そこにおける fiber S_{p_0}を考える．S_{p_0}は曲面$z^2=xy(1-x-y)(1-\lambda_0 x-\mu_0 y)$に外ならない．$U$の基本群$\pi_1(U;p_0)$は fiber S_{p_0}の homology group $H_i(S_{p_0})$に自然に作用する．

S_{p_0}の homology group は中村得之氏が計算した．2nd Betti number b_2は7でそのうち algebraic cycles が3次元の submodule を生成している．

$$\underset{7\text{次元}}{H_2(S_{p_0},R)}\supset\underset{3\text{次元}}{\mathfrak{U}_1(S_{p_0})}$$

$\Gamma=\pi_1(U;p_0)$は$\mathfrak{U}_1(S_{p_0})$上には多分 trivial に作用するだろう．それゆえ，Γは4次元空間$H_2(S_{p_0},R)/\mathfrak{U}_1(S_{p_0})$に作用する．intersection が定義する$H_2(S_{p_0})$の2次形式を$I(Z,Z')$とすると，$I(Z,Z')$を$\mathfrak{U}_1(S_{p_0})$に制限しても non-degenerate. それゆえIに関する$\mathfrak{U}_1$の直交補空間 in H_2が定まる．それをVと書こう．Vは4次元で，IをVに制限したものは non-degenerate な2次形式でその符号は（$++$，$--$）である．$\Gamma=\pi_1(U;p_0)$の$H_2(S_{p_0})$への作用は$I(Z,Z')$を保存するから，とくにVをUにうつす．それゆえ，Γの元はV上の$I|V$に関する orthogonal transformation を引きおこす．

$$\Gamma\ni\gamma\longmapsto m(\gamma)\in O(V,I|V)=O(2,2)$$

気を大きくして$m(\gamma)\in SO(2,2)^0$（連結成分）としてよいだろう．$SO(2,2)^0$ は $SL(2,\boldsymbol{R})\times SL(2,\boldsymbol{R})$ に局所同型である．

Γ の image $\{m(\gamma)\,|\,\gamma\in\Gamma\}=m(\Gamma)$ は，$SO(2,2)^0$ の discrete subgroup である．それは整係数であらわされるから，$\Gamma=m(\Gamma)$ は，$SO(2,2)^0/\max.\text{compact}=X$ に properly discontinuous に作用する．X は 2 枚の上半平面 $H=\{\tau=x+iy\,|\,y>0\}$ の直積である：$X=H\times H$．このことから，$H\times H$ が U の universal covering であることはありそうなことである．

$$U=\Gamma\backslash H\times H \quad ?$$

V に属する 1 次独立な 4 つの cycle を Z^1,Z^2,Z^3,Z^4 とする．U の universal covering space を $\tilde{U}$ とする．$\tilde{U}\longrightarrow U$ で $V\xrightarrow{\pi}U$ を pull back したものを $\tilde{V}\longrightarrow\tilde{U}$ とする．$\tilde{U}$ の点 $\tilde{p}$ に対し fiber $A_{\tilde{p}}$ に自然に homology class (Z^i) の shift $(Z^i_{\tilde{p}})$ が考えられる．

$$\omega=\omega(\tilde{\lambda},\tilde{\mu})=\omega(\tilde{p})=\frac{dx\wedge dy}{\sqrt{xy(1-x-y)(1-\lambda x-\mu y)}}$$

とおく．

$$\varphi^{(i)}(\tilde{\lambda},\tilde{\mu})=\varphi^{(i)}(\tilde{p})=\int_{Z^{(i)}_{\tilde{p}}}\omega(\tilde{p})$$

とおく．

$\varphi^{(i)}(\tilde{p})$　$(i=1,2,3,4)$ は $\tilde{U}$ 上の holomorphic function である．これらの関数は，いわゆる Appell の超幾何級数であらわされ，

$$(\sharp)\quad \begin{cases} \dfrac{\partial^2\varphi}{\partial\lambda^2} = A(\lambda,\mu)\dfrac{\partial\varphi}{\partial\lambda} + B(\lambda,\mu)\dfrac{\partial\varphi}{\partial\mu}, \\ \dfrac{\partial^2\varphi}{\partial\mu^2} = C(\lambda,\mu)\dfrac{\partial\varphi}{\partial\lambda} + D(\lambda,\mu)\dfrac{\partial\varphi}{\partial\mu} \end{cases}$$

の形の微分方程式を満たす．$A(\lambda,\mu)$，$B(\lambda,\mu)$，$C(\lambda,\mu)$，$D(\lambda,\mu)$ は λ,μ の 1 次式である．

微分方程式系 ($\sharp$) の Picard–Vessiot 群を G とすると，$G\supset m(\Gamma)$．しかも $m(\Gamma)$ を含む最小の algebraic group が G であることがわかる．すなわち，$m(\Gamma)$ は G の中で Zariski-dense である．（Griffiths の論法により，($\sharp$) は "Fuchs 型" であるからである．）それゆえ，G が $O(2,2)$ の複素化 $O(4,\boldsymbol{C})$ に含まれることがわかる．多分 $G=SO(4,\boldsymbol{C})$ なのであろう．また ($\sharp$) は $\boldsymbol{Q}$ 上で定義されているから，G は自然に $\boldsymbol{Q}$ 上の alg. group としての構造を持つ．とくに G の実型 $G_{\boldsymbol{R}}$ があり，それが $m(\Gamma)$ を含む．それは $G_{\boldsymbol{R}}=SO(2,2)$ であることになる．

$\tilde{U}$ が $H\times H$ に同型であるとしよう．その同型対応は，解 $\varphi^{(1)},\varphi^{(2)},\varphi^{(3)},\varphi^{(4)}$ により構成される．はじめにえらんだ 2-cycles $Z^{(1)},Z^{(2)},Z^{(3)},Z^{(4)}\in H_2(S_{p_0},\boldsymbol{R})$ を

$$(I(Z^{(i)},Z^{(j)})) = \begin{pmatrix} 0 & 0 & 0 & 1 \\ 0 & 0 & -1 & 0 \\ 0 & -1 & 0 & 0 \\ 1 & 0 & 0 & 0 \end{pmatrix}$$

になるようにえらんで

$$\tau^{(1)}=\left(\frac{\varphi^{(1)}(\tilde{p})}{\varphi^{(2)}(\tilde{p})}\right)^{\pm1}, \quad \tau^{(2)}=\left(\frac{\varphi^{(3)}(\tilde{p})}{\varphi^{(4)}(\tilde{p})}\right)^{\pm1}$$

（±1 は $\mathrm{Im}\tau^{(i)}>0$ になるようにとる.）

とおけば

$$\tilde{U}\ni\tilde{p}\overset{\tau}{\longmapsto}(\tau^{(1)}(\tilde{p}),\tau^{(2)}(\tilde{p}))=\tau(\tilde{p})$$

が $\tilde{U}$ から $H\times H$ への morphism を与える．これにより同型対応 $\tilde{U}\approx H\times H$ が与えられると仮定するのである．以下 $\tilde{U}=H\times H$ と同一視する.

$\Gamma\ni\gamma$　に対し　$\tau(\gamma\tilde{p})$　は

$$\left(\frac{a\tau^{(1)}+b}{c\tau^{(1)}+d},\frac{a'\tau^{(1)}+b'}{c'\tau^{(1)}+d'}\right)$$

の形になる.

$$\gamma\longmapsto\left(\begin{pmatrix}a & b\\ c & d\end{pmatrix},\begin{pmatrix}a' & b'\\ c' & d'\end{pmatrix}\right)$$

$$\in SL(Z,R)\times SL(Z,R)\cong SO(2,2)$$

が Γ の表現 m である．そして

$$\left.\begin{aligned}\tau^{(1)}&=\frac{\displaystyle\iint_{Z^{(1)}}\frac{dx\wedge dy}{\sqrt{xy(1-x-y)(1-\lambda x-\mu y)}}}{\displaystyle\iint_{Z^{(2)}}\frac{dx\wedge dy}{\sqrt{xy(1-x-y)(1-\lambda x-\mu y)}}}\\ \tau^{(2)}&=\frac{\displaystyle\iint_{Z^{(3)}}\frac{dx\wedge dy}{\sqrt{xy(1-x-y)(1-\lambda x-\mu y)}}}{\displaystyle\iint_{Z^{(4)}}\frac{dx\wedge dy}{\sqrt{xy(1-x-y)(1-\lambda x-\mu y)}}}\end{aligned}\right\}$$

を λ, μ について解いた

$$\left.\begin{aligned}\lambda &= \lambda(\tau^{(1)}, \tau^{(2)})\\ \mu &= \mu(\tau^{(1)}, \tau^{(2)})\end{aligned}\right\}$$

は $H \times H$ で定義された $m(\Gamma) = \left\{\left(\begin{pmatrix} a & b \\ c & d \end{pmatrix}, \begin{pmatrix} a' & b' \\ c' & d' \end{pmatrix}\right)\right\}$ に関する保型関数である.

この例で重要なのは $\displaystyle\iint_Z \frac{dx \wedge dy}{\sqrt{xy(1-x-y)(1-\lambda x-\mu y)}}$ はAppellの超幾何級数として具体的に級数表示ができることである. それゆえ, $\tau^{(i)}(\lambda, \mu)$ や $\lambda(\tau^{(1)}, \tau^{(2)})$, $\mu(\tau^{(1)}, \tau^{(2)})$ が（計算機でも使えば）何とかベキ級数などの形に表示できることである.

以上はほとんどすべてハッタリである. このようなことができれば, よいなあと思うのである.

なお S_{p_0} の homology Γ の構造については中村得之氏による. またAppellの理論の重要性については, 佐藤幹夫氏にお教えいただいた.

なお中村得之氏によれば, この

$$\iint_Z \frac{dx \wedge dy}{\sqrt{xy(1-x-y)(1-\lambda x-\mu y)}}$$

があらわす2変数超幾何級数は1変数の $F(\lambda, \mu, \nu; x)$ の積の和であらわされる. それゆえ上にのべた例は本質的にはsurfaceの問題ではなくcurveの問題になるのかも知れぬ.

さよなら.

文献表

［1］ N. H. Abel; Œuvres complètes, 1881.

［2］ 青本和彦；双曲型偏微分方程式に関する J. Leray 氏の理論とその周辺；数学の歩み，12 巻，2 号，1967.

［3］ P. Appell-J. Kampé de Fériet; Fonctions hypergéométriques et hypersphériques, Polynômes d'Hermite, Gauthier-Villars, Paris, 1926.

［4］ E. Artin; Galois theory, Notre Dame University, 1944.

［5］ Bieberbach; Theorie der gewöhnlichen differentialgleichungen, Springer, 1953.

［6］ C. Chevalley; Theory of Lie groups Ⅰ, Princeton, 1946.

［7］ L. Fuchs; Gesammelte Mathematische Werke, Berlin, Mayer & Müller, 1906. なお，R. Bellman 編；A collection of modern mathematical classic, analysis, Dover, New York, 1961 に Fuchs の Hermite あて手紙の抜書が収録されている.

［8］ 藤原松三郎；常微分方程式論，岩波書店，1930.

［9］ É. Galois; Revue encyclopédique, 1832.

［10］ P. A. Griffiths; Proceedings of National Academy of Sciences, vol. 55, 1966. なお，Griffiths の講義録（代数多様体上の積分の周期に関するもの）が小部数出ている.（California 大 数学教室.）

［11］ D. Hilbert; Grundzüge einer Allgemeinen Theorie der

linearen Integralgleichungen, Teubner, Leibzig-Berlin, 1912.

[12] 福原満洲雄；常微分方程式論，岩波講座，1933.

[13] 福原満洲雄；常微分方程式，岩波全書，1950.

[14] 福原満洲雄；常微分方程式の解法II，線型の部，岩波書店，1941.

[15] 福原満洲雄-大橋三郎；数学 **2**，1950，pp. 227-230.

[16] 彌永昌吉；自由群論，阪大講演集，岩波書店，1941.

[17] C. Jordan; Traité des Substitutions et des équations algébriques, Paris, 1870.

[18] E. Kähler; Über die Integrale algebraischer Differentialgleichungen, Abh., Hamburg, 1936.

[19] I. Kaplansky; Differential algebra, Hermann, Paris, 1957.

[20] 河田敬義-竹内外史；位相幾何学，朝倉書店，1952.

[21] S. Lefschetz; Introduction to topology, Princeton, 1949.

[22] S. Lie; Gesammelte Abhandlungen, Leibzig-Oslo, 1922-1935.

[23] S. Lie; Vorlesungen über Differentialgleichungen mit bekannten infinitesimalen Transformationen, Teubner, Leibzig, 1891.

[24] 松田道彦；Lagrange の問題に関するÉ. Cartan の予想について，数学の歩み，12 巻，2 号，1967.

[25] 中山　正；集合・位相・代数系，至文堂，1949.

[26] 落合卓四郎；数学の歩み，12 巻，3 号，1967.

[27] E. Picard; Traité d'analyse, Gauthier-Villars, Paris, 1909.

[28] J. Plemelj; Problems in the sense of Riemann and

Klein, Interscience Publischers, New York, 1964.
[29] H. Poincaré; Œurvres Ⅰ, 1928, Ⅱ, 1916, Ⅲ, 1934, ⋯, Gauthier-Villars, Paris. および Les methodes nouvells de la mecanique céleste, Ⅰ, Ⅱ, Ⅲ.
[30] Pontrjagin; Topological groups, Princeton, 1939. なお, 杉浦光夫ほかによる邦訳；連続群論上, 下, 岩波書店, 1957 がある.
[31] B. Riemann; Gesammelte Mathematische Werke, Dover, New York, 1953.
[32] J. F. Ritt; Differential algebra, Amer. Math. Soc. Colloq. Publ., New York, 1950.
[33] 齋藤正彦；線型代数学, 東大出版会, 1965.
[34] L. Schlesinger; Handbuch der Theorie der linearen Differentialgleichungen, Ⅰ, Ⅱ, Ⅲ, Leibzig, 1895.
[35] 赤　攝也；集合論入門, 培風館, 1957.
[36] スミルノフ；高等数学教程, 1〜12, 共立出版, 1958.
[37] 高木貞治；解析概論, 岩波書店, 1943.
[38] 遠山　啓；無限と連続, 岩波新書, 1952.
[39] v.d.Waerden; Moderne Algebra, Ⅰ, Ⅱ, Berlin, 1955. なお, 銀林 浩ほかによる邦訳, 現代代数学Ⅰ, Ⅱ, Ⅲ がある. また, 英訳もある.
[40] H. Weyl; Die Idee der Riemannschen Fläche, Teubner, 1913. 英訳あり.
[41] 矢野健太郎；集合と論理, 日本評論社, 1966.
[42] 松島與三；多様体論, 裳華房, 1966.

第0〜第2週の理解のために [25], [35], [38], [41] をあげておく. この他にも, 最近, 日本語で書かれた多くの良書があるはずである. 第3週以下にあらわれる“群”については,

[30], [39] をあげておこう．ほかにも多くの内外の良書がある．考え方を知るためには［38］がよいであろう．また“自由群”については，［16］が名著．第 4〜第 13 週のための参考書としては，［30], [21], [20], [6］などの相当する部分を参照されたい．12 週以後に用いられる“Topology”の入門としては，［30], [21], [20], [38］をあげておく．多様体については［42］が名著である．15 週以後に用いられる“関数論”の教科書は［37], [36］のほかに沢山ある．“線型微分方程式”に関しては［5], [8], [12], [13], [14], [28], [34], [36]．“線型代数”のためには代表として［33]，“表現論”の入門としては［30], [39］など．authodox な代数方程式の“ガロア理論”を知るためには［4］が最適，［39］もよくすすめられている．ほかに歴史的-記念碑的文献として［1], [9], [17]．とくに［17］は Galois 理論がその初期においてすでに保型関数，被覆面と monodromy に関係していたことを教えてくれる．

序文および第 ∞，∞ + 1 週の理解のための参考文献はここには書ききれぬ．さしあたり私の知るものの中から，古典に重点をおいてえらんでおいた．[3], [7], [10], [11], [15], [18], [19], [22], [23], [27], [28], [29], [31], [32], [34］がそれらである．著者は現代的な解析学の手法や定式化についての文献をあげる資格はない．最近の“数学の歩み”から，[2], [24], [26］をあげておくに止める．“志”をもたれる方はそれぞれの著者に直接連絡をとり文献や研究の方向につき，suggestion を得られると有益と思う．なお“数学の歩み”12-2 の問題Ⅳ，p. 42（飯高　茂）も今後の問題を提起している．なお，教養学部でのこのゼミナールに出席していた学生の中の何人かは，平行して［40］を独習していたようである．

おわびと訂正

第18週の予備定理18.3の証明は，予備定理18.2に基づいているが，その予備定理18.2はあやまりであることをS君にご教示いただいた．それにも拘らず，予備定理18.3そのものは正しいことは，I君が示された．予備定理18.3は18週，19週において基本的であるから是非その証明は与えておかなくてはなるまい．ここにI君の証明を掲げる．

予備定理 A　$\alpha_1, \alpha_2, \cdots, \alpha_n$ を n 個の複素数，$i \neq j$ ならば $\alpha_i - \alpha_j$ は整数ではないものとする．そのとき任意の正整数 N に対し，$(N+1)n$ 個の数列

$$\{m^k e^{2\pi\sqrt{-1}\alpha_i m}\}_{m=1}^{\infty}, \quad \begin{pmatrix} i = 1, \cdots, n \\ k = 0, \cdots, N \end{pmatrix}$$

は（$\boldsymbol{C}$ 上）1次独立である．すなわち $(N+1)n$ 個の複素数 $C_{i,k}$ に対し，$\sum_{i=1}^{n}\sum_{k=0}^{N} C_{i,k} m^k e^{2\pi\sqrt{-1}\alpha_i m} = 0$ （$m = 1, 2, \cdots$）であるならば，$C_{i,k} = 0$ （$i = 1, \cdots, n$；$k = 0, \cdots, N$）でなければならない．

証明は初等的にできる．

さて，簡単のため円板 U_a の中心 a は0としよう．普

遍被覆面 $\tilde{U}_a$ 上の有理型関数の体 $K(\tilde{U}_a)$ は部分体 $K(U_a)$ を含み，$z^{\alpha}(\log z)^k$ なる形の関数を含むが，これに関しつぎの予備定理が成立する．

> **予備定理 B**　$\alpha_1, \cdots, \alpha_n$ を n 個の複素数，$i \neq j$ ならば $\alpha_i - \alpha_j$ は整数ではないものとする．このとき任意の正整数 N に対し，$(N+1)n$ 個の関数 $z^{\alpha_i}(\log z)^k$（$i=1, \cdots, n$；$k=0, \cdots, N$）は $K(U_a)$ 上 1 次独立である．すなわち $F_{i,k}(z) \in K(U_a)$ に対して恒等式 $\sum_{i=1}^{n}\sum_{k=0}^{N} F_{i,k}(z) z^{\alpha_i}(\log z)^k \equiv 0$ が成立するならば，実は $F_{i,k} \equiv 0$ でなければならない．

証明　上記等式の両辺に被覆変換 $(\gamma^m)^*$ をほどこせば，

$$\sum_{i=1}^{n}\sum_{k=0}^{N} F_{i,k}(z) z^{\alpha_i} e^{2\pi\sqrt{-1}\alpha_i m}(\log z + 2\pi\sqrt{-1}m)^k \equiv 0$$

をうる．これから $m^h e^{2\pi\sqrt{-1}\alpha_i m}$ の係数をくらべて，予備定理 A により

$$\sum_{k=h}^{N} F_{i,k}(z)(\log z)^{k-h}\begin{pmatrix} k \\ h \end{pmatrix} \equiv 0.$$

もう一度，この論法をくりかえして，

$$\sum_{k=h}^{N} F_{i,k}(z)(\log z + 2\pi\sqrt{-1}m)^{k-h}\begin{pmatrix} k \\ h \end{pmatrix} \equiv 0.$$

m に関する定数項をみて，$F_{i,k}(z) \equiv 0$.　　Q. E. D.

さて，予備定理 18. 3 はつぎのように証明される．

$$\begin{cases} F = \sum_{i=1}^{n} \sum_{k=0}^{N} z^{\alpha_i} (\log z)^k P_{i,k}(z), \\ G = \sum_{i=1}^{n} \sum_{k=0}^{N} z^{\alpha_i} (\log z)^k Q_{i,k}(z) \end{cases}$$

とおく．$P_{i,k}, Q_{i,k}$ は z の整級数である．係数 $P_{i,k}, Q_{i,k}$ として定数0も許すことにすれば，F に現われる $\alpha_1, \cdots, \alpha_n$ と G に現われる $\alpha_1, \cdots, \alpha_n$ とを共通にとることができる．また $i \neq j$ のとき $\alpha_i - \alpha_j \notin \boldsymbol{Z}$ としてよい．$\alpha_j = \alpha_i + m$（$m \in \boldsymbol{Z}$）ならば $z^{\alpha_j} = z^{\alpha_i} z^m$ だから因子 z^m を $P_{j,k}(z)$ に繰り込めるからである．さて $f = F/G$ とおく．$F = fG$ より，

$$\sum_i \sum_k z^{\alpha_i} (\log z)^k (P_{i,k} - f Q_{i,k}) \equiv 0.$$

また仮定により $f \in K(U_a)$ だから，必要があれば U_a の半径を十分小さくとりなおして $P_{i,k} - f Q_{i,k} \in K(U_a)$ としてよい．

それゆえ予備定理Bにより $P_{i,k} - f Q_{i,k} \equiv 0$．$G \not\equiv 0$ ゆえ $Q_{i,k} \not\equiv 0$ であるような (i, k) がある．その (i, k) に対して $f = \dfrac{P_{i,k}}{Q_{i,k}}$．それゆえ f は $z = 0$ において有理型である．　　Q. E. D.

文庫版解説

飯高 茂

1 はじめに

本書は戦後間もなく現れた新進の数学者久賀道郎による，数学者志望の若者達に書かれた励ましの書である．

題して，「ガロアの夢」．書名の説明はとくにない．

しかし多くの若者は書名に共感し，自分たちのために書かれた本として受け止め，励ましと勇気をもらったのであろう．実際数学書としては珍しく，短期間の間に20刷まで出ている．

出版は1968年で50年以上前であるが，1960年に東大で開かれた1年生向けのゼミでが元になっているので，そのときを本原稿を書いている2023年10月から引くと63年になる．

したがって数学への野心を隠しきれない20代の若者に本書をお薦めするのはさすがに気が引ける．

私は今回本書を一読して思ったのは，大学生以前の人々にとってもとても良い本だということである．

数学が大好きな少年少女（小学生，中学生，高校生）にとって本書は数学への開きやすい扉となるであろう.

私は本書の解説を書くにあたり，このような年少の数学大好き人間を対象にすることとした.

そこでタイトルに戻る.

2　タイトルの研究

ガロアの夢とはなんだろう.

失礼ながらガロアの説明から始める.

Évariste　Galois，1811 年 10 月 25 日-1832 年 5 月 31 日，フランスの数学者.

彼は高校生の頃，2 次無理数の連分数について研究し論文にした. これは現代でも連分数の基本定理である.

さらに代数方程式の根の研究から群論の創始者になり，現在のガロア理論の根幹を作るに至った.

しかし 20 歳の若さで決闘によって亡くなるが，その前に自分で構想した数学の未来像の断片が遺作として残された.

決闘のまえに書かれたこの文書には少ししか書けなかったであろう. 彼がそのとき頭脳にあったであろう数学を，ガロアの夢として久賀先生はここに描いてみようというのである.

本書の後半部とくに無限大週に記された 2 つの章にこの夢が書かれていると思われる.

ガロアの夢を読者が共有して各自が夢を膨らませることができればすばらしい.

3　序文の解釈

序文につづいてスローガンが書かれている.

そして山の裂け目（クレバス）にのまれてしまったとさ

これは意味不明の文である. 読者はどう受け取るであろうか.

私の理解は, ガロアの夢を信じて進むと酷いことになるかもね, との警告である. 読者は自由に解釈してより肯定的に考えてほしい.

4　第1週はどうなるだろう

普通なら第1章と書くが, ここでは第1週としている.

発音が似ているからいいよね, と笑っている著者がいるようだ.

私は1961年に微積分の講義を久賀先生からきいた. 私は高木貞治著『解析概論』に毒されていたので, 極限の定義すら厳密に述べないで直感に頼る久賀式講義に馴染めなかった.

本書では最初に集合と写像を扱う.

数学教育の現代化で集合は高校生も必修事項であるが, 当時は大学で初めて集合を学ぶのだった.

本書では, 集合とその記号の説明をした後, 種々の例をあげている.

例6では「現在この地球上に生きているすべての人間の集合」をとりあげている.

集合はその要素を確定する必要があることに注意し，現在を確定するために（1960年10月31日午後1時32分17秒8322…）と書いている．

集合を確定するための工夫ではあるが，結果として実際に行われた東大でのゼミの実時間がわかり，読者はゼミに参加しているような臨場感を味わえることになる．すごい演出力！

集合の要素の個数が0の集合を空集合という．

そこで著者は集合がモノの集まりである以上，集められたものがカラカラの集合は定義違反であると断ずる．しかし数学ではとくにこの違反には目をつぶり，要素が1つもない集合をとくに強引に考えることにする．

このように親切に書き，集合を初めてふれるとき学生が感じる違和感を学生の目線から受け止めている．この姿勢はとても良い．

また，「すべての」と「任意の」とは同じ意味である．この二つは論理的に同値である．と明確に述べている．

こんなところで集合論初心者の違和感を払拭している．これは，著者が学生の気持ちをよく理解できている証拠である．

5　次に同値関係

第2週では同値類別について扱う．

例8において，Mを人間の集合として，$x \sim y$をx, yが同じ性別であると定義するとこれは同値関係であるとし例をあげる.

吉永小百合～シャーリー・マックレーン $\not\sim$ 久賀道郎など多数.

1960 年 12 月 19 分午後 1 時 36 分に行われたこのときのゼミの雰囲気が伝わってくる. さぞ熱気のこもったものになったことであろう.

6 自由群

第 3 週では自由群をあつかう.

1 ページをまるまる使って次のスローガンが出る.

エイヤーッとひっぱってみる

次は 第 4 週 面の基本群のこと, 第 5 週 基本群, 第 6 週 基本群の例, 第 7 週 基本群の例, とつづき, 次の衝撃のスローガン

奥さんがとり替わってもわからない紳士たち

があり, 第 8 週 被覆, 第 9 週 被覆面と基本群 などが続く.

第 13 週 の次に魅力的なスローガン

ガロア理論を目で見よう

そして, 第 14 週 被覆面上の連続関数へとつながる.

次は大きく飛んで大学院生らを対象とする. 第 ∞ 週に入る直前に 1 頁を使ってまたも衝撃のスローガン

さよならはHATTARIの後で

似た題の歌謡曲は倍賞千恵子さんの歌だ．

お若い方もネットで調べてこの歌を聴いてほしい．

久賀先生はあるとき，院生だったわたくしに唐突に言われた．

後輩にすごくできるのがいると大変な思いをするんだ．でもそれはとても良いことなんだ（後輩とは志村五郎先生のこと）．

最後に久賀先生の数学上のお仕事について少し追加する．ラマヌジャン予想と呼ばれるタウ関数についての予想の証明には久賀先生の貢献が大きい．

アーベル多様体をファイバーとするクガ・サトウ多様体を構成し，これに合同ゼータ関数の零点についてのヴェイユ予想ができれば証明できることを示した．Deligneは1974年にヴェイユ予想の証明にDeligneが成功しラマヌジャン予想が解決した．これは20世紀数学の金字塔の1つといえよう．

7　最近の若い者

ここでは数学大好きな小学生や中学生が最近増えていることに注意したい．

中学2年の齋藤乃理君は，約数の和関数の代わりにオイラー関数を用いて，完全数に類似したφ^2完全数を考案した（飯高茂著『数学の研究をはじめよう VIII』(2023) 現代数学社，参照）．

φ^2 完全数は偶数なら，6,28,496 などの在来のユークリッド完全数になる．

しかし 3，$21=3*7$，$465=3*5*31$ は奇数だが解になる．

$w=3*5*17*257=2^{16}-1$ は容易に確認できる．さらに $v=2^{17-1}$ はメルセンヌ素数で，wv が 4 番目の奇数完全数になる．

このことの確認は素数と因数分解さえできれば誰でもできる．

しかし素数たちの綾なす美しい関係が巧みに組み合わさり解が劇的に証明できる．

こんなにも見事な奇跡はもうおこらないだろう．かくて 5 番目の φ^2 完全数はないな，と誰しも思うに違いない．

（2023 年 10 月 11 日）

本書は一九六八年七月一五日、日本評論社より刊行された。
文庫化にあたり、若干の修正を施した。

数学をいかに使うか　志村五郎
「「何でも厳密に」などとは考えてはいけない」――。世界的数学者が教える「使える」数学とは。文庫版オリジナル書き下ろし。

数学をいかに教えるか　志村五郎
日米両国で長年教えてきた著者が日本の教育を斬る！　掛け算の順序問題、悪い証明と間違えやすい公式のことから外国語の教え方まで。

記憶の切繪図　志村五郎
世界的数学者の自伝的回想。幼年時代、プリンストンでの研究生活と数多くの数学者との交流と評価。巻末に「志村予想」への言及を収録。（時枝正）

通信の数学的理論　C・E・シャノン／W・ウィーバー　植松友彦訳
IT社会の根幹をなす情報理論はここから始まった。発展いちじるしい最先端の分野に、今なお根源的な洞察をもたらす古典的論文が新訳で復刊。

数学という学問Ⅰ　志賀浩二
ひとつの学問として、広がり、深まりゆく数学。数・微積分・無限など「概念」の誕生と発展を軸にその歩みを辿る。オリジナル書き下ろし。全3巻。

現代数学への招待　志賀浩二
「多様体」は今や現代数学必須の概念。「位相」「微分」などの基礎概念を丁寧に解説・図説しながら、多様体のもつ深い意味を探ってゆく。

シュヴァレー　リー群論　クロード・シュヴァレー　齋藤正彦訳
現代的な視点から、リー群を初めて大局的に論じた古典的著作。著者の導いた諸定理はいまなお有用性を失わない。本邦初訳。（平井武）

現代数学の考え方　イアン・スチュアート　芹沢正三訳
現代数学は怖くない！「集合」「関数」「確率」などの基本概念をイメージ豊かに解説。直観で現代数学の全体を見渡せる入門書。図版多数。

若き数学者への手紙　イアン・スチュアート　冨永星訳
研究者になるってどういうこと？　現役で活躍する数学者が豊富な実体験を紹介。数学との付き合い方から「してはいけないこと」まで。（砂田利一）

ゲルファント やさしい数学入門 座標法
ゲルファント／グラゴレヴァ／キリロフ
坂本實 訳
座標は幾何と代数の世界をつなぐ重要な概念。数直線のおさらいから四次元の座標幾何までを、世界的数学者が丁寧に解説する。訳し下ろしの入門書。

ゲルファント やさしい数学入門 関数とグラフ
ゲルファント／グラゴレヴァ／シノール
坂本實 訳
数学でも「大づかみに理解する」ことは大事。グラフ化＝可視化は、関数の振る舞いをマクロに捉える強力なツールだ。世界的数学者による入門書。

解析序説
小林龍一／廣瀬健／佐藤總夫
自然や社会を解析するための、「活きた微積分」のセンスを磨く！ 差分・微分方程式までを丁寧にカバーした入門者向け学習書。（笠原晧司）

確率論の基礎概念
A・N・コルモゴロフ
坂本實 訳
確率論の現代化に決定的な影響を与えた『確率論の基礎概念』に加え、有名な論文「確率論における解析的方法について」を併録。全篇新訳。

物理現象のフーリエ解析
小出昭一郎
熱・光・音の伝播から量子論まで、振動・波動にもとづく物理現象とフーリエ変換の関わりを丁寧に解説。物理学の泰斗による名教科書。（千葉逸人）

ガロワ正伝
佐々木力
最大の謎、決闘の理由がついに明かされる！ 難解なガロワの数学思想をひもといた後世の数学者たちにも迫った、文庫版オリジナル書き下ろし。

ブラックホール
佐藤文隆／R・ルフィーニ
相対性理論から浮かび上がる宇宙の「穴」。星と時空の謎に挑んだ物理学者たちの奮闘の歴史と今日的課題に迫る。写真・図版多数。

はじめてのオペレーションズ・リサーチ
齊藤芳正
問題を最も効率よく解決するための科学的意思決定の手法。当初は軍事作戦計画として創案されたが、現在では経営科学等多くの分野で用いられている。

システム分析入門
齊藤芳正
意思決定の場に直面した時、問題を解決し目標を達成する多くの手段から、最適な方法を選択するための論理的思考。その技法を丁寧に解説する。

ちくま学芸文庫

ガロアの夢（ゆめ）　群論（ぐんろん）と微分方程式（びぶんほうていしき）

二〇二三年十二月十日　第一刷発行

著　者　久賀道郎（くが・みちお）

発行者　喜入冬子
発行所　株式会社　筑摩書房
東京都台東区蔵前二―五―三　〒一一一―八七五五
電話番号　〇三―五六八七―二六〇一（代表）
装幀者　安野光雅
印刷所　大日本法令印刷株式会社
製本所　加藤製本株式会社

ISBN978-4-480-51223-9 C0141